PUHUA BOOKS

我们一起解决问题

供应链创新管理译丛

PRODUCT
DESIGN
AND THE
SUPPLY CHAIN

产品设计与
供应链

打造企业的设计竞争力

Competing
Through
Design

〔英〕奥梅拉·汗
Omera Khan 著

刘劲松 译

人民邮电出版社
北　京

图书在版编目（ＣＩＰ）数据

产品设计与供应链：打造企业的设计竞争力 /（英）
奥梅拉·汗（Omera Khan）著；刘劲松译. -- 北京：
人民邮电出版社，2021.7
（供应链创新管理译丛）
ISBN 978-7-115-56645-4

Ⅰ．①产… Ⅱ．①奥… ②刘… Ⅲ．①产品设计②产
品—供应链管理 Ⅳ．①TB472②F252.1

中国版本图书馆CIP数据核字(2021)第110671号

内 容 提 要

在很多情况下，一种产品最终的供应链成本的 80% 是在产品设计和开发的早期阶段
确定的。但是，目前很多企业对产品设计如何影响供应链及最终影响企业的运营绩效并不
清楚。本书作者阐述了一套完整的关于如何更好地协调产品设计与供应链的理论与实战
工具。

本书共分为 6 章，分别介绍了如何制定设计议程、如何设定产品设计与供应链之间的
接口、如何应对产品设计及供应链风险、如何实现产品设计的敏捷性、如何通过产品设计
实现可持续发展、如何在现实的商业世界中凭借产品设计能力对供应链做出改变等内容。
书中提供了经典的实践案例，这些案例来自特斯拉、爱步、纽洛克、通用汽车、约翰斯
顿·埃尔金、可口可乐等不同行业中的知名企业。此外，本书还以附录的形式提供了一个
关于波音 787 客机的大型案例。

本书适合从事供应链管理的人员，尤其是工作内容与产品设计相关的供应链管理人员
阅读。

◆ 著 ［英］奥梅拉·汗（Omera Khan）

译 刘劲松

责任编辑 陈 宏
责任印制 胡 南

◆ 人民邮电出版社出版发行 北京市丰台区成寿寺路 11 号
邮编 100164 电子邮件 315@ptpress.com.cn
网址 https://www.ptpress.com.cn
大厂回族自治县聚鑫印刷有限责任公司印刷

◆ 开本：720×960 1/16
印张：13.25 2021 年 7 月第 1 版
字数：200 千字 2021 年 7 月河北第 1 次印刷
著作权合同登记号 图字：01-2020-1541 号

定 价：79.00 元
读者服务热线：（010）81055656 印装质量热线：（010）81055316
反盗版热线：（010）81055315
广告经营许可证：京东市监广登字20170147号

本译丛专家委员会名单

（按汉语拼音排序）

序　言

　　长期以来，产品设计一直被认为是专家们的专属领域，这些专家因自己的创意或技术才能而胜任该工作。这种观念将设计视为"象牙塔"中的活动，其主要目的是将实物产品推向市场，同时给客户带来美学和功能上的好处。通常，这种孤岛式的开发方法的确能够使产品问世，虽然对客户具有吸引力，但也可能在产品的整个生命周期中产生巨大的成本，潜在地削弱企业的盈利能力。在设计阶段做出的决策将提前决定制造、配送及产品支持方面的持续成本。人们普遍认为，任何产品在生命周期内的大部分成本在其进入市场之前就已经确定了。

　　1969 年，"设计思维"（Design Thinking）首次作为一个概念被提出来，它强调更加全面的设计方法，本质上是将设计视为一个问题解决过程，并理想地将其延伸到整个组织。即使运用这个涉及范围更广的设计方法，技术和创意专家在设计过程中扮演的角色也非常关键，甚至重要性会提高，因为他们会从整条供应链——从采购到客户服务及售后支持中收到反馈意见。

　　现代组织的运营过程中各方面复杂性的增加，推动了这种端对端设计方法的提出。复杂性提高的原因是对系统的某个部分所采取的行动可能会对其他部分产生影响，这种影响往往是比较隐蔽的。产品设计是企业环境中复

1

杂性的主要来源之一。因此，采取更具包容的方法设计产品和服务，可以减少复杂性所带来的负面影响。在这种情况下，产品设计不再是一个独立的活动，而是涉及企业各个层面（更理想的情况是涉及整条供应链）的综合性活动。

设计的理念贯穿本书，这也是本书的原创性和开创性之所在。尽管涉及产品设计与创新过程的文章很多，但关于产品设计与供应链之间的关系的讨论却很少，本书的出版将填补这一空白。通过列举现代企业的案例，作者强调了要通过整合产品设计与供应链管理来提高客户价值并降低复杂性。本书可供那些不仅对产品设计本身感兴趣，也对企业如何获得成功感兴趣的读者阅读，因为产品设计与供应链是紧密相连的。

英国克兰菲尔德大学（Cranfield University）营销与物流荣誉教授

马丁·克里斯托弗（Martin Christopher）

致　谢

　　本书是我多年以来的研究成果。从我第一次认识到产品设计对一家企业的竞争力构建和成功与否都具有重要意义以来，我就对这个课题非常着迷，但后来我才发现，这一重要意义原来是通过企业的供应链实现的。

　　我小时候常跟随父亲去国际贸易展览会参展，同时采购下一季的设计品，这些设计品将被开发成为家用纺织品珍藏系列。与为我们设计产品的供应商的谈判让我感到惊讶，也让我备受鼓舞。我对我的父亲充满敬畏，因为他不仅知道自己想要什么，而且知道什么能卖出去，什么卖不出去。或许，他早就理解了其中的奥妙。

　　拿到纺织设计学士学位的几年后，我写了一篇关于设计采购的硕士论文，接着我拿到了纺织行业供应链风险管理的博士学位。在此过程中，我对这个课题的兴趣越来越浓厚。

　　自那以后，我有幸与非常友善且鼓舞人心的人一起工作，他们为我提供了帮助，使我的研究成型，并提出了他们自己的观点。

　　首先，我非常感谢我的导师马丁·克里斯托弗教授，在我学术生涯的每一天，他都耐心指导并激励着我。在他的鼓励下，我在学术研究方面取得了巨大的进步和成就。他注重细节、责任和创造力，在他的教导下，我找到了我的创作灵感。如果没有遇见他，我很难想象我是否有足够的勇气和学识提出自己的观点。其次，我要感谢我的朋友和家人，感谢他们在这段很艰难的日子里给了我勇气和力量，让我度过了这段坎坷的旅程。最后，我要感谢克里斯（Chris）和埃尔莎·杰夫森（Elsa Jephson）无休止的"图书进度检查"，他们让我保持写作节奏、不偏离目标。

我要感谢所有一如既往与我合作的公司，感谢他们耐心倾听我提出的各种疑问和意见，并且不厌其烦地为我排忧解难。我要特别感谢埃吉尔·莫勒·尼尔森（Egil Moller Nielsen）分享了他对乐高（LEGO）和爱步（ECCO）的见解，克里斯托弗·唐（Chris togher Tang）教授贡献了关于波音787梦想客机的案例研究，丹尼尔·塞普尔维达-埃斯泰（Daniel Sepuiveda-Estay）分享了他在可口可乐公司的经历。感谢所有在本书的创作过程中帮助过我的人，感谢马尔科姆·惠特利（Malcolm Wheatley），朱莉娅（Julia）和Kogan Page出版公司的团队，感谢他们付出的耐心和为帮助我而耗费的时间。感谢英国设计委员会（Design Council），感谢国际物流与运输学会在2005年通过玉米种子基金（Seed Corn Fund）提供的资助。我要特别感谢我的学生们的好奇心和想象力，也感谢他们提醒我自己为什么喜欢教授这门学科。

PRODUCT DESIGN AND
THE SUPPLY CHAIN
Competing Through Design

目 录

PRODUCT DESIGN AND
THE SUPPLY CHAIN
Competing Through Design

第 1 章
设计议程的制定

好的设计至关重要。好的设计和好的设计师可以改变一款产品、一家企业甚至一个行业的发展前景。但在赞美优秀设计和优秀设计师的同时，不要忽视支撑这些设计的供应链，正是供应链将这些设计变成了可销售且有利润的产品。

本章主要介绍好的设计如何使企业更具竞争力，并初步探讨设计问题是如何通过影响供应链成本、敏捷性（Agility）、风险及可持续性（Sustainability）来影响企业的。正如我们所观察到的，设计决策可能会在上市时间、可制造性（Manufacturability）、空间利用（Space Utilization）、运输强度（Transport Intensity）、库存持有量（Inventory Holdings）和供应链脆弱性（Supply Chain Vulnerability）等方面对企业产生影响。

苹果手机（iPhone）的孕育过程

iPhone 于 2007 年 6 月 29 日发布后，很快就取得了成功。时尚的外形与新颖的玻璃触摸屏相结合，使 iPhone 成了许多人渴望拥有的产品，其销量因此一路走高。

然而，苹果公司并不是一家手机制造商。或者说，在很大程度上，苹果公司根本不是一家制造商，它严重依赖于中国富士康（Foxconn）等外包制造商将其时尚的设计变成实物产品。iPhone 源自苹果公司与手机制造商摩托罗拉（Motorola）合作设计的一款产品，而当时苹果公司的联合创始人史蒂夫·乔布斯（Steve Jobs）对该款手机的设计颇为不满。当时，诺基亚（Nokia）和黑莓（BlackBerry）等品牌主导着手机市场。苹果公司内部原本计划将手机功能与新款 iPod MP3 音乐播放器结合起来，但是设计意识很强的乔布斯非常讨厌这款产品。

乔布斯授权的传记作者沃尔特·艾萨克森（Walter Isaacson）在他的书中写道："ROKR（摩托罗拉的一款手机）既没有 iPod 那种吸引人的简约主义，也不像摩托罗拉的原创获奖产品 RAZR 那样轻薄。这款手机不仅看上去很丑，很难上传 100 首歌曲，而且其所有的功能特性需要经过委员会磋商才能决定。这与乔布斯一贯的特立独行的行事风格背道而驰。"

10 多年过去了，我们仍然很难完全理解 iPhone 所引发的"革命"。艾萨克森写到，从一开始，乔布斯就否决了使用手写笔或键盘输入文字的想法，而专家们认为要想使这款新手机取得成功，手写笔和键盘都是必不可少的。为了避免使用由阳极氧化铝制成的超薄外壳，iPhone 使用了一种特殊的高强度防刮花玻璃。这种玻璃是由康宁公司（Corning Glass）开发的，该公司采用离子交换工艺，使玻璃表面形成一层压缩层。

康宁公司在 20 世纪 60 年代就开发出了这种玻璃，但一直未能找到销售这种玻璃的市场，而且当时也没有能够生产这种玻璃的工厂。乔布斯与康宁公司首席执行官（Chief Executive Officer，CEO）温德尔·威克斯（Wendell Weeks）进行了多轮会晤与磋商，最终成功说服威克斯支持该项目，并委派该公司最优秀的科学家和工程师承担这项任务。

这样生产出来的 iPhone 并不便宜，iPhone 的竞争对手认为一款售价为 500 美元的手机太贵了，不可能成功。艾萨克森写到，微软公司当时的 CEO 史蒂夫·鲍尔默（Steve Ballmer）并不看好这款手机。鲍尔默在接受美国消费者新闻与商业频道（Consumer News and Business Channel，CNBC）采访时说："这是世界上最昂贵的手机，而且它对商务人士没有吸引力，因为它没有键盘。"

事实恰恰相反，正如艾萨克森所描述的，截至 2010 年年底，作为一家此前从未生产过手机的公司，苹果公司竟然卖出了 9 000 万部 iPhone，并获得了全球手机市场超过一半的利润。

相比之下，在经历了几年的巨额亏损后，摩托罗拉的手机业务被拆分，只剩下一个独立的部门——摩托罗拉移动（Motorola Mobility）。摩托罗拉移动于 2011 年先被出售给谷歌（Google）；谷歌保留了大量的核心技术专利后，又将其出售给中国电子产品巨头联想（Lenovo）。黑莓的用户规模在 2013 年达到 8 500 万的峰值，3 年后下降到 2 300 万；最终，该公司决定推出搭载安卓操作系统的触屏智能手机。在经历了类似的艰难时期后，诺基亚的手机业务最终被微软公司收购。这家软件巨头试图提振其萎靡不振的 Windows Phone 业务，但仍以失败而告终，Windows Phone 手机在手机市场中只占据很小的份额。在笔者撰写本书的时候，手机行业依旧由苹果公司和谷歌安卓的生态系统占据主导地位，谷歌既是手机制造商又是软件提供商。

设计经典

像 iPhone 这样的案例并不少见。我们一次又一次地看到，新颖时尚的设计因为超出人们的期望，占据了市场的主导地位。

在汽车领域，由亚历克·伊西戈尼斯（Alec Issigonis）设计的奥斯汀迷你（Austin Mini）轿车于 1959 年首次投产，很快便成为 20 世纪 60 年代的标志，并以 530 万辆的产量成为历史上最畅销的英国汽车。尽管原型的发布时间早于 20 世纪 40 年代，但大众甲壳虫（Volkswagen Beetle）已经大规模生产了 57 年，从 1946 年持续到 2003 年。此外，伦敦的双层巴士和著名的黑色出租车都是为人称道的设计经典。

在家居相关领域，类似的设计经典包括：1932 年由英国汽车设计师乔治·卡沃丁（George Carwardine）设计的安格泡（Anglepoise）"平衡臂"灯；1950 年凯伍德（Kenwood Chef）在理想家居展览会（举办地为伦敦）上推出的多功能厨师机；角柄雕刻套装；以及 20 世纪 50 年代标志性的皮科特（Picquot Ware）茶具，其由一种镁铝合金单独铸造而成。1962 年著名的小轮自行车，由一位曾为奥斯汀迷你轿车设计悬架的汽车工程师亚历克斯·莫尔顿（Alex Moulton）设计，他对当时的自行车进行了彻底的改造，使其更加人性化。

在家用电器领域也有当之无愧的设计经典。例如，索尼（Sony）长期生产的 Walkman 系列产品将便携式立体声音乐与时尚的设计结合在一起，巧妙地迎合了 20 世纪 80 年代的时代风尚。同时，该公司的 Triniton 电视机将高性能与时尚的外观结合起来。戴森（Dyson）著名的"无尘袋"双旋风真空吸尘器也是如此，该吸尘器成了英国当时销售速度最快的真空吸尘器，其销量甚至超过了老牌制造商销售的吸尘器。戴森吸尘器的发明者詹姆斯·戴森（James Dyson）曾试图向那些制造商推销其创意，但没有成功。

时尚界也有许多设计经典。例如，恐怕没有人会否认广泛生产的羊绒两件套上衣是设计经典。驼色外套和风衣往往让人联想到奢侈时尚品牌，如积家（Jaeger）或雅格狮丹（Aquascutum）。DAKS粗花呢运动夹克的设计也很经典。惠灵顿长筒靴也是一个设计经典，人们一提到它就会想到猎人靴公司（Hunter Boots），该公司的前身英国北方橡胶公司（North British Rubber Company）创立于1856年。

设计主导型公司

我们一次又一次地看到，经典设计并非偶发性的成功，它们多来自那些之前做出过同样出色的设计的公司。你可能会说，设计是它们的"基因"。

例如，iPhone的设计就来自苹果公司的设计团队，该团队有着丰富的设计时尚"必需品"的经验，最早的产品可追溯到Macintosh计算机。在苹果公司首席设计官乔纳森·伊夫（Jonathan Ive）的带领下，苹果公司不断推出热门产品，如MacBook系列、iPod、iPod Touch、iPad，当然还有苹果直观易用的旗舰产品——iOS操作系统。

标志性的家用电器制造商戴森也是一家设计主导型公司，就像2011年乔布斯去世前的苹果公司一样，其创始人主要作为有远见的统帅来发挥领导作用，并充当公司的形象代表。不过，尽管人们都认为詹姆斯·戴森被是一位发明家，但他更像一位设计师。他拥有工业设计背景，并在柏亚姆·肖艺术学校（Byam Shaw School of Art）和英国皇家艺术学院（Royal College of Art）接受过教育。

意大利的阿莱西（Alessi）也是如此。它是全球领先的定制式厨房和餐具制造商之一，其设计时尚的产品可能会在纽约现代艺术博物馆（New York's Museum of Modern Art）、大都会艺术博物馆（Metropolitan Museum of Art）、伦敦维多利亚和艾尔伯特博物馆（Victoria and Albert Museum）和巴黎蓬皮杜中心（Pompidou Centre）等博物馆展出。在创始人乔瓦尼·阿莱西（Giovanni Alessi）之子卡洛·阿莱西（Carlo Alessi）和埃托雷·阿莱西（Ettore Alessi）两兄弟的领导下，阿莱西一直延续着一种传统：将设计视为公司业务的核心，并制定完善的流程，以便在全球范围内寻找、委托天才设计师来开发新的设计。

另一个例子是家族企业爱步，它是丹麦知名的鞋类产品制造商和零售商。爱步在全球近90个国家销售鞋类产品和皮革制品，实现了垂直整合（即某公司的供应链全部为该公司所有），控制着从设计到生产再到零售这个过程中的每一步。爱步直接经营着3 000多家商店和专柜（卖场内的一个指定区域，零售商可以在此区域内销售自有品牌产品），并通过大约14 000家百货商店、鞋店和时装店销售产品。该公司在荷兰、泰国、印度尼西亚和中国拥有制革厂，并在自己的工厂生产超过3/4的产品。它获得成功的关键是它在荷兰设立的世界级的开发设计中心。在那里，手艺精湛的皮革工匠、设计师和技术人员不仅设计成品，还开发独特的皮革和制革工艺。

但是，如果你认为设计主导型公司只设计和制造实物产品及高端奢侈品，那你就错了。正如我们将看到的，虽然好的设计，尤其是标志性的设计，通常会获得溢价，因而可将其纳入高端产品或奢侈品类别，但这种关联性并不意味着两者具有某种强因果关系。下面列举的这些设计主导型公司恰好证明了这一点。

- 世界第六大玩具制造商——丹麦的乐高玩具，已将其专长从生产公差极小的塑料积木转变为打造全球领先的品牌，并在最近几年改变了其设计流程。它简化了产品开发流程，同时将内部设计流程用来改善整个公司的创新能力。

- 电子产品和娱乐巨头索尼从 20 世纪 60 年代就开始利用设计使其产品与众不同，并最大限度地利用其拥有的先进技术。索尼设计集团在全球雇用了大约 250 名设计师，并制定了一套核心设计价值观，公司以此来评判所有产品成功与否。2019 年，在 CEO 平井一夫（Kaz Hirai）的领导下，索尼正以设计简约和功能清晰的优势反击苹果公司和韩国制造商三星（Samsung），三星此前从这家标志性的日本制造商手中成功地夺走了部分市场份额。

- 维珍大西洋航空公司（Virgin Atlantic Airways）由英国企业家理查德·布兰森（Richard Branson）于 1984 年创立，该公司将创新作为核心品牌价值，并将设计作为其关键的竞争优势。其内部设计团队管理着公司的许多设计业务，包括服务理念、内部装修、制服及机场候机室布置等，并与全球的许多机构合作。

- 微软作为全球领先的操作系统和办公软件供应商，已经完成了设计理念的重大转变。微软曾经是一个以技术为主导的组织，现在它利用设计思维专注于开发能够更好地满足用户需求的产品。在管理层的支持下，这种对用户体验的关注也影响了微软的组织结构和企业文化。

- 惠而浦（Whirlpool）是一家大型家用电器制造商。惠而浦的全球消费者设计部门拥有 150 多名员工，包括工业设计师、可用性专家、人因工程专家、原型设计师和材料专家。该部门不仅专注于开发专门的技术和流程，以帮助公司应对消费者日益复杂的家电需求，而且负责开发"有用、可用、想用"的产品。

- 瑞士的波顿集团（Bodum Group）以其时尚的餐具和厨具产品而闻名，包括法式滤压咖啡壶（俗称"cafetières"）、真空咖啡壶、存储罐、滤水器和小型家电等。"好的设计不一定贵。"创始人彼得·博顿（Peter

Bodum）始终坚持这一理念。如今，同样的理念指导着公司的拥有者、创始人的女儿和儿子——皮娅·博顿（Pia Bodum）和约尔根·博顿（Jorgen Bodum），他们管理着位于瑞士、负责开发公司产品的博顿设计集团（Bodum Design Group）。

以上公司都重视设计，并意识到好的设计不应该是事后的想法，而应该成为向客户宣扬的理念的核心。它们可能以不同的方式来践行这个理念，但它们的目标都是持续地利用设计来提升产品或服务的价值，而不仅仅是完善产品的功能。

这本书涉及什么，不涉及什么

这是一本关于设计的书，但不是一本讲解如何设计的书。

如果您还不是设计师，那么阅读本书并不会让您成为设计师。但是，如果您已经是设计师了，那么阅读本书很可能会让您成为更优秀的设计师，或者至少成为知晓优劣设计所带来的不同商业效果的设计师。

本书旨在吸引专业管理人员，尤其是制造和供应链管理人员，但不限于此。同时，本书试图解释优秀和拙劣的设计将如何影响企业的竞争力。

极为重要的是，本书揭示了在产品生命周期中的设计阶段做出的决策将如何持续影响该产品的后续价值。产品最终的供应链成本的 80% 在产品设计和开发的早期阶段便已确定，这意味着在设计阶段做出的决策可能会对整个产品生命周期中的风险、复杂性和响应能力产生重大影响。换句话说，设计不仅影响产品的外观和功能，而且对产品的成本、价格、风险和盈利能力等方面也有重大的影响。

本书将以案例研究的方式阐述设计与下列领域的联系，并说明设计是如何对其产生影响的。

- 销售收入（Sales Revenues）——设计需求旺盛的产品可影响销售收入。

- 定价（Pricing）——设计可以使产品定价更高。

- 上市时间（Time to Market）——专门针对直接采购和可扩展性优化产品设计，可影响上市时间。

- 制造成本（Manufacturing Costs）——设计可以快速、便捷地生产并达到高标准的产品，可影响制造成本。

- 可靠性（Reliability）——设计坚固、耐用、能持续生产的产品，可影响可靠性。

- 供应链成本（Supply Chain Costs）——利用从极有竞争力的供应商那里直接采购的原材料和部件及成本最优的物流流程来设计产品，可影响供应链成本。

- 供应链风险（Supply Chain Risks）——设计可以迅速从多个源头（以非远程为佳）获得原材料和零部件的产品，可影响供应链风险。

- 品牌忠诚度（Brand Loyalty）——设计超出客户期望的产品，并积极地为他们提供令人信服的用户体验，可影响品牌忠诚度。

- 竞争力（Competitiveness）——完成上述所有工作，并创造一条竞争对手难以跨越的"护城河"，可影响竞争力。

显然，只要优化以上任何一个领域，公司都会变得更强大。但遗憾的是，许多公司并没有对这些领域进行优化。有些公司甚至认为，设计的作用只是提供某种纯粹的功能或审美标准。不过，仍有一些公司针对一两个领域做了设计优化，如面向可制造性或供应链弹性优化设计。

不过，能够成功优化上述大多数领域或所有领域，并真正运用相应技巧来设计旨在提高整个公司绩效的产品的公司仍是凤毛麟角。

但是，这完全是可以做到的。在本书中，您将了解到为了把公司的设计能力转变为一股强大的力量，并提升公司的竞争力和绩效，公司需要做什么以及如何做到。

在撰写本书的时候，根据《福布斯》(*Forbes*) 全球企业 2 000 强榜单，苹果公司是全球市值排名第一的公司，其市值为 5 860 亿美元，其销售收入排在第八名（2 330 亿美元），其盈利能力排名蝉联第一（540 亿美元）。

有许多信息技术公司生产实物产品，实际上，实物产品是苹果公司大部分收入的来源。有许多这样的公司都以创新著称，但是愿意在时尚设计上投资，并能开发出可以实现公司战略的设计的公司少之又少。其中，苹果公司凭借其在设计上的差异化竞争优势而独占鳌头，其在《福布斯》全球企业 2 000 强榜单中的突出表现证明，这种致力于设计的做法获得了无可置疑的丰厚回报。

什么是设计

现在思考一下设计的含义。有时候，这个词有一些相互矛盾的含义。

当然，"设计师"这个词也是如此。随便想象几个场景，设计师可能会构思出一种新的壁纸图案，勾勒出您的新厨房的样子，或者让您的新网站或产品目录变得生动起来。

在本书中，我们将同时使用广义和狭义的"设计"和"设计师"两个词。我们不打算使用某个更精确的限定词作为修饰，如"图形设计师""产品设计师""室内设计师"等。确切地说，本书所说的"设计"是指我们在苹果公司及前文介绍的那些公司看到的那种煞费苦心的、整体意义上的设计。

如果不得不用其他词来代替"设计"和"设计师"，那么我们可以选择"工业设计"和"工业设计师"。这些术语在欧洲并不常见，但是在美国比较常见。在美国，"工业设计"这个概念是由美国工业设计师协会（Industrial Designers Society of America，IDSA）发布和推广的。

作为一个会员制组织，IDSA 与英国设计委员会有着不同的目标。1944年，英国设计委员会的前身英国工业设计委员会成立，旨在促进 20 世纪 40年代中期以后英国工业设计的价值的提高。但 IDSA 与英国设计委员会也有重叠的领域，其中一个领域是关于什么是好的设计及其重要性的广泛共识。

"设计不仅仅指样式、美学或人体工程学。设计是一种思考方式，而不是使事物看起来漂亮的方式。"这是英国设计委员会所定义的设计。

2005 年，英国设计委员会前主席乔治·考克斯（George Cox）在一份受英国政府委托而撰写的报告中进一步阐明了这一观点。这份报告是《考克斯商业创新评论：建立在英国的优势的基础上》（*Cox Review of Creativity in Business: Building on the UK's Strengths*），它研究了商业与设计、艺术及相关学科之间的联系。"设计是连接创造力和创新的纽带，"考克斯写道，"设计塑造想法，使其成为面向用户或客户的实用而有吸引力的主张。设计可以被描述为针对特定目标而构建的创造力。"

IDSA 则这样定义设计："工业设计是一项专业服务，旨在创造产品和系统以优化功能、价值和外观，从而实现用户和制造商的共同利益。"

英国华威大学商学院（Warwick University Business School）和英国设计委员会共同发布的一份报告《以设计引领商业：商业领袖为什么和如

何在设计上进行投资》（*Leading Business by Design:Why and How Business Leaders Invest in Design*）做了进一步的深入研究。在研究了许多领先企业的最佳设计实践之后，它们提出了以下有关设计的观点，并采访了来自巴克莱（Barclays）、帝亚吉欧（Diageo）、维珍大西洋航空公司和赫尔曼·米勒（Herman Miller）等世界级公司的商业领袖。

- **设计是以客户为中心的**：当设计与解决问题尤其是与解决客户的问题密切相关时，收益是最大的。
- **当融入企业文化时，设计是最强大的**：如果组织尤其是高级管理层提供了强大的支持，设计就会发挥最大的作用。
- **设计可以为任何组织增加价值**：设计可以使小型、中型或大型的生产型和服务型组织受益。

就本书的写作目的而言，同时考虑到产品最终的供应链成本的 80% 已经在产品设计和开发的早期阶段确定，尤其是考虑到设计对供应链的影响，以下三点值得提出。

- 设计是一种战略工具，它能让公司对不同的产品进行细分。
- 设计是一个创造性的流程，它影响着"从摇篮到摇篮"[①]的整条供应链。
- 设计是在供应链前端识别和管理风险的前提条件。供应链充满了不确定性，但我们可以通过设计将其对整条供应链的破坏控制在最低限度。

---

① 威廉·麦克多诺（William McDonough）和迈克尔·布劳恩加特（Michael Braungart）认为，在循环经济中，"从摇篮到摇篮"（Cradle to Cradle）是一个能够超越可持续性并实现为富足而设计的设计框架。

案例研究：成长的痛苦——特斯拉的供应链

特斯拉（Tesla）由硅谷的科技企业家和汽车爱好者马丁·埃伯哈德（Martin Eberhard）和马克·塔彭宁（Marc Tarpenning）于 2003 年创建，在 2008 年推出全电动特斯拉跑车后一举成名。过了不到 10 年，特斯拉每年仅生产 7.6 万辆汽车，而福特（Ford）的汽车年产量近 670 万辆，但特斯拉的市值已超过福特的市值，估值为 380 亿英镑。

特斯拉成功的一个重要原因是，与其他进入现有市场的颠覆者一样，它摒弃了传统思维，愿意重新思考可能的新技术。在特斯拉的案例中，其首款车型 Roadster 的开发方式在很大程度上借鉴了硅谷的初创软件公司，而不是底特律的汽车制造业。

从一开始，这辆跑车就打破了所有的规则。它的目标是：从零加速至每小时 100 千米不降低扭矩；零废气排放；除了轮胎，前 16 万千米内零维修；行驶里程高达 400 千米。

这辆跑车拥有如此强大的性能的关键在于其动力源，即锂离子电池组。特斯拉工程团队在早期设计了一个模块化的电池组，该电池组是基于商用的锂离子电池设计的。

该电池组由 6 831 个电池组成，每个电池都比商用的 AA 电池稍大，被嵌入铝制框架内，并与电压传感器、温度传感器、湿度传感器、微处理器和冷却系统耦合在一起。

为了吸引投资来生产原型车，埃伯哈德和塔彭宁找到了另外一位硅谷企业家——埃隆·马斯克（Elon Musk）。马斯克出售他创办的互联网支付公司贝宝（PayPal）后成了百万富翁。当时，马斯克正在为太空探索技术公司（SpaceX）开拓业务，打算为卫星发射业务开发低成本的、可重复使用的火箭。

特斯拉团队凭借有效的原型和可接受的市场，开始建立供应链，以实现大规模量产。特斯拉在被几家汽车制造商多次拒绝后，于 2005 年决定从英国跑车制造商莲花汽车公司（Lotus，以下简称"莲花汽车"）购买 2 500 个汽车车身（整车，但不包含动力总成），每周最多采购 40 个。

虽然为特斯拉 Roadster 打造的供应链主要由现成的莲花汽车的零配件供应链构成，但这款汽车的关键组件电池组由特斯拉自己生产，因为莲花汽车此前没有生产电动汽车的经验（莲花汽车直到 2008 年才成立了电动汽车部门）。

由于市场上没有现成的电池组可用，特斯拉不得不开始探索制造这种电池组的最佳方法。当时，特斯拉工程团队只生产了不到 10 个电池组，而且是在没有使用专用工具或机械装置的情况下手工生产的。鉴于电池组生产具有劳动密集型的特点，特斯拉决定将该业务外包。

在中国大陆寻找潜在的电池组组装商失败后，特斯拉选择了一家在泰国拥有生产基地的中国台湾公司。这家公司之前没有制造电池组的经验，其专长为铝成型（用于制造烧烤架），而且劳动力成本低廉。不过，烧烤架与电池组的制造工艺类似。

这些电池组属于危险货物，因此被禁止空运。一旦组装完成，这些电池组必须通过海路运送到莲花汽车在英国的制造工厂进行组装。组装好的汽车随后被运到纽约港，然后通过陆路运往加利福尼亚州。

虽然与莲花汽车的合同一直持续到 2011 年 12 月，那时最初的 Roadster 车型已经停产，但特斯拉很快就清楚地知道，自己需要一条更好的供应链。随后的特斯拉车型都是在加利福尼亚州弗里蒙特的一家装配厂生产的，这家工厂的前身是丰田（Toyota）和通用汽车（General Motors）合资成立的一家公司。在内华达州，一座耗资 50 亿美元的电池工厂正在建设，全面建成后，这家工厂有望成为全世界最大的电池工厂。

显然，特斯拉构建其供应链的流程从以下两个方面凸显了设计与供应链的相关性。

- 首先，特斯拉在设计电池组供应链的初期几乎没有考虑到后期扩大运营规模时的需求。这是诸多公司在从概念到原型验证再到大规模生产的快速转型过程中所具备的共同特征。业务扩张速度通常高度依赖于设计，设计可以决定扩张的成败。
- 其次，特斯拉最初的供应链配置方式源于苹果公司、戴尔（Dell）和思科（Cisco）等高科技公司所采用的硅谷式制造方法，也就是将所有的生产活动外包，自身并不拥有任何生产基地。但是，就特斯拉的情况来说，这可能会导致供应链不太稳定，因为特斯拉更多地考虑了外包制造商的报价，而没有认真地挑选供应商并优化其位置。

设计如何影响竞争力

到目前为止，您已经了解到，本书的核心内容是公司的设计能力与竞争力之间的千丝万缕的关系。

优秀的设计能力所带来的竞争优势之大让人瞠目结舌。2011 年，英国设计委员会发布了一份研究报告，该报告与政府倡导的"为增长而创新和研究"战略相呼应。该报告对 1994—2004 年这 10 年间的设计密集型（Design-intensive）上市公司进行了追踪，并将它们与设计能力较差的公司进行了比较研究。无论是在牛市还是在熊市①，设计密集型公司的股价都比同一行业中的其他公司高出 200%。

英国设计委员会对 503 家公司进行了名为"设计的价值"（Value of Design）的深入调查。结果显示，"设计警觉型"（Design Alert）公司在设计上每花费 100 英镑，销售收入就会增加 225 英镑。结果还显示，那些认为设计是它们所做工作的重要组成部分的公司，实现快速增长的可能性是其他公司的两倍以上。在 2011 年的一项相关调查中，英国设计委员会报告称，英国 80% 的公司认为设计可以帮助它们在当前的经济环境中保持竞争力，而在迅速成长的公司中，这一比例高达 97%。

美国的《考克斯评论》（Cox Review）令人信服地指出，设计几乎对用来衡量公司绩效的每一项指标都产生了积极的影响，包括市场份额、增长率、生产率、股价和竞争力。《考克斯评论》特别指出了以下五点。

- 忽视设计的公司主要依靠价格开展竞争。
- 美国 83% 的设计主导型（Design-led）公司在过去 3 年中推出了新产品或新服务；相比之下，只有 40% 的英国公司做到了这一点。
- 美国 83% 的设计主导型公司的市场份额实现了增长，而英国平均只有 46% 的公司的市场份额在增长。
- 39% 的快速发展的公司都离不开设计。
- 英国 80% 的设计主导型公司在过去 3 年中开辟了新市场，而英国平均只有 42% 的公司开辟了新市场。

---

① 如果一个人保持乐观并相信股票会上涨，那么他就被称为"牛"，并且被认为持有"看涨"的预期。熊市是指经济不景气、经济衰退迫近、股票价格下跌的时候。

增加设计投资的公司实现营业额增长的可能性是不增加设计投资的公司的两倍还多。这样的情况并不是只出现在英国。美国高级管理研究所（Advanced Institute of Management Research）的约翰·贝赞特（John Bessant）和安迪·尼利（Andy Neely）的报告《智能设计：有效地管理设计流程是如何提高公司绩效的》（*Intelligent Design:How Managing the Design Process Efftively Can Boost Corporate Performance*）提到了以下实证性的学术研究。

- 一项针对瑞典 1 308 名经理的调查显示，设计成熟度最高的公司的绩效增长势头非常强劲。
- 一项针对 147 家荷兰公司的研究显示，在新产品开发项目中融入工业设计对公司绩效有显著的正面影响。
- 一项针对 42 家英国公司的研究显示，商业成功与设计和创新的各种长期投资指标之间存在统计学上的显著关系。
- 一项针对 2 900 家德国服务型公司的调查显示，竞争力与满足不同用户需求的质量和弹性的相关性较强，而与价格的相关性较弱。

但是，设计对竞争力的影响究竟是如何产生的呢？例如，史蒂夫·乔布斯与乔纳森·伊夫到底是如何搭档工作才使苹果公司成为《福布斯》全球企业 2 000 强榜单中市值最高、盈利最多的公司的呢？或者说，在前文简要介绍过的其他公司（如戴森、维珍大西洋航空公司、爱步和波顿集团等）中，设计是如何带来竞争优势的呢？

线索就在这些公司的设计部门所做的工作之中。当然，他们设计了外观好看、有吸引力的产品。但是，正如前文指出的，好的设计的影响力远不止这些。

伦敦帝国理工学院（Imperial College）的珍妮弗·怀特（Jennifer Whyte）

和她的一些同事认为，设计可能涉及下列几个方面，所有这些方面都被"设计"这个术语概括了。

- 美学设计，如时尚的造型、外观。
- 功能设计，如飞机引擎或戴森的真空吸尘器。
- 可制造性设计，涉及创造性地思考如何有效地且高效地制造产品。
- 可持续性设计，涉及重复利用和回收。
- 可靠性设计和使用质量设计。

显然，以上每一个方面都会对企业的整体竞争力产生影响，也会对定价能力、品牌忠诚度、声誉等产生影响。

本书的中心思想之一是，如果企业选择运用设计与供应链管理之间的接口，那么这个接口也很有可能对企业的竞争力产生重大的影响。

简而言之，有效的设计本身就可以在竞争力构建方面发挥强大的作用。良好的设计能使公司将具有吸引力的产品推向市场，增强公司的定价能力，提高客户的品牌忠诚度，降低售后服务和维修成本，并有效地开展运营活动。

此外，有效的设计还应该包括可制造性设计，设计师应该在设计过程中考虑如何制造有成本效益的产品，从而进一步提升公司的盈利能力，并获得其他益处，如质量和可靠性的提升。

这些都很不错。但是，它们本身并不能反映企业的供应链管理能力或供应链战略。

设计是如何影响这些方面的呢？下面将讨论这个问题。

设计与供应链

"供应链管理"（Supply Chain Management）这个术语出现的时间较晚，它是由博斯艾伦咨询公司（Booz Allen Hamilton）旗下的一家以运营和战略为中心的咨询公司的顾问基思·奥利弗（Keith Oliver）提出的，他在 1982 年接受英国《金融时报》（*Financial Times*）的采访时使用了这个词。

这些年来，它已经被广泛接受，并被视为一个概括性的术语，用来描述企业在制造、采购、物流和配送、预测和需求管理等领域的活动并将这些活动关联起来。

我们可以将特定产品的供应链理解为各个供应商为企业供应生产该产品所需的各种零件和原材料（它们会进入该产品的物料清单，如一级、二级、三级、四级清单等），这些零件和原材料通过各种物流流程流向终端。然后，一旦产品被生产出来，供应链中直接面对客户的环节就会见证通过合适的物流和配送流程将产品送到终端客户手中的过程。

英国克兰菲尔德大学管理学院的名誉教授马丁·克里斯托弗将供应链管理定义为"管理与供应商和客户之间的上下游关系，从而以更低的成本向整条供应链提供卓越的客户价值"。他谈到，从理论上来说，竞争发生在供应链之间，而不是公司之间。正如一家公司的优势完全可以通过这家公司供应商体系的优势体现出来，一家公司的劣势也可以通过其供应商体系的劣势体现出来。这番见解后来引起了广泛的共鸣。

尽管"供应链管理"一词现在被广泛使用，但是一些人认为，更准确的说法应该是"需求链管理"，只有这样才能反映一个事实：供应链应该由市场驱动，而不应该由供应商驱动。还有一些人认为，因为企业需要面对多家供应商和众多客户，所以这里的"链"应该被"网络"所取代。此外，这种以网络为中心的观点得到了强化，因为供应链中的每家企业在某种程度上都依赖于供应链或供应网络中的其他企业，所以各家企业需要整合相关活动。在最新的研究中，"价值链"这个术语得到了使用。但是，无论使用哪种名称，设计显然都会对供应链的高效运作产生影响，并且设计决策可能会对整个产品生命周期中的风险、复杂性和响应能力产生重大影响。的确，正如本书将要介绍的，从根本上说，企业的供应链始于制图板，设计决策可能会极大地影响公司的成本、风险和盈利能力。

例如，我们可以思考以下设计决策是如何影响供应链的。

- **上市时间和批量生产时间**：针对产品功能的设计决策可以提高制造的复杂性，降低弹性和响应能力。

- **可制造性**：产品设计可以影响产品的可制造性，从而影响制造成本、废品数量、交货时间和质量水平。

- **空间利用率与运输强度**：产品及包装设计可以影响存储和运输过程中的空间利用率。

- **由于缺乏共性而提高的复杂性**：设计决策可以影响物料清单；同时，较低的共性将提高复杂性，从而对库存持有量产生不利影响，并削弱通过规模经济降低采购成本的潜力。

- **延长补货前置时间**：某些设计决策可以影响供应商的选择，从而延长前置时间。

- **供应链脆弱性**：从海外供应商处采购产品可能会增加供应链中断的可能性。

- **可持续性与碳足迹**：可持续性设计和产品寿命现在已经成为大多数公司的优先考虑事项。

- **后期定制**：这是一种延迟产品的最终配置或包装的能力，这种能力可以影响客户的前置时间和库存持有量，设计决策显然可以影响这种能力。

- **售后支持**：那些需要通过维修件来提供售后支持的产品设计可以显著地影响库存水平。

显然，以上问题都很重要，而且对公司最高级别的绩效指标都有显著的影响。粗略估计，产品最终的供应链成本的 80% 是在产品设计阶段确定的。那么，一个显而易见的问题是：企业为此可以做些什么呢？

案例研究：爱步——平衡成本与复杂性

丹麦鞋类产品制造商和零售商爱步于 1963 年由卡尔·突斯比（Karl Toosbuy）创立，在全球近 90 个国家销售鞋类产品和皮革制品，直接经营着 3 000 多家商店和专柜，并通过约 14 000 家百货商店、鞋店和时装店销售产品。

爱步因其出色的设计和垂直一体化的商业模式而闻名。爱步在荷兰、泰国、印度尼西亚和中国拥有制革厂，其自有工厂的产量占总产量的 3/4。制鞋是劳动密集型产业，所以这些工厂主要位于斯洛伐克、葡萄牙、泰国和印度尼西亚等人力成本相对较低的经济体。

在荷兰的开发和设计中心，技术精湛的皮革工艺师、设计师和技术人员不仅设计成品，还创造独特的皮革和制革工艺。该公司内部称这种模式为"从牛到鞋"。这种模式旨在帮助爱步全面地把控产品质量和品牌体验。从战略上讲，皮革是皮鞋最昂贵的组成部分，而爱步经营着自己的制革厂，自己将生皮加工成各种成品皮革。相较于必须向第三方供应商采购皮革的竞争者，爱步通过此举获得了明显的竞争优势。

　　这种垂直一体化模式最明显的好处是，爱步的开发和设计团队可以与本公司的制革厂密切合作，从而开发新的颜色和皮革类型。而且，垂直一体化模式还有助于提升爱步在质量方面的声誉和品牌形象，因为爱步并没有进入快时尚市场。事实上，它的某些经典鞋款已有数十年的历史，并且大多数鞋款每年至少生产一季。在爱步看来，一条长长的垂直一体化供应链是一种负担得起的"奢侈品"，因为它认为质量比追赶时尚潮流更重要。

　　爱步只有两季——春夏季和秋冬季。每一季在生产和物流方面都有一个主订单，需要提前 4~6 个月规划以优化生产成本；主订单之外，还有一系列预期型号、尺寸或颜色之外的鞋款的后续补货订单。制造厂的主生产计划将根据每种鞋款的设计，按照鞋型、尺寸和颜色进行分类，并依据现有的主订单和追加生产量（需要考虑季节需求量和预期的补货订单），为主订单划分生产批次。

　　在 2002 年以前，零售商会提前几个月根据它们想要销售的款式和颜色下指示性的主订单，之后运送到它们那里的鞋子可以反映出针对特定市场的典型鞋码是统一配置的。例如，在斯堪的纳维亚半岛，43 码是最常见的鞋码，因此，对于特定的款式，43 码的鞋子会比其他任何尺码的都要多。爱步将每个主订单分解到整季中不同的时段进行交付。

　　同样，在 2002 年以前，这些鞋子会在爱步的生产车间被打包成箱，然后被运到该公司的配送中心进行存储，直至交货。然而，如果零售商的实际订单与原始订单（即早在 4~6 个月之前下的订单）不符，爱步的配送中心就不得不打开两个包装箱，并将这两个包装箱中的鞋子重新装入一个与实际订单相符的新包装箱，这个新包装箱里都是主订单和补货订单中的鞋子。这两个包装箱中剩下的鞋子的尺寸和颜色显然不符合任何预订订单的要求，因此需要把它们按照不同的库存单位（Stock Keeping Unit，SKU）重新入库。

重新包装既没有增加产品的价值，也没有增加零售商的价值，并且消耗了配送中心的宝贵能力。配送中心对商店的服务水平在70%左右。2001年的一项内部研究显示，在运往零售商的所有包装箱中，超过50%的包装箱需要零售商重新包装。显然，如果重新包装这个环节可以减少或避免，那么从降低成本的角度来说，这将为爱步带来巨大的价值，既可以避免不必要的活动，又可以提高配送中心对商店的服务水平。

爱步在2002—2004年实施的一个解决方案是将供应链分成两个独立的部分——一个用于主订单，另一个用于补货订单。为了推行这个解决方案，爱步在生产基地附近建造了生产配送中心。生产部门不再打包各式各样的鞋子，而是将它们批量运送到生产配送中心。

由于已经准备好交付主订单，生产配送中心可以根据最新的主订单信息拣选并包装鞋子，这通常比要求的交付日期早40~50天。这意味着不会再发生重新包装，因为生产配送中心是从散装存货开始拣选和包装的。每批货物都反映了爱步已获悉的最新尺寸和颜色需求。

由于生产配送中心位于爱步在斯洛伐克、葡萄牙、泰国和印度尼西亚的多个工厂附近，而爱步的主要市场是北美洲和欧洲，因此，按照生产配送中心的运输前置时间的长短，实际的交付时间在40~50天之后，这显然比以前的时间要长。在北美洲和欧洲，散货交叉转运站点接收从工厂运来的货物，然后将其运送到指定的零售商手中。

同时，用于应对补货订单的存货被大量地运往补货配送中心。这些补货配送中心与采购这些鞋子的零售商在同一个大陆上，即欧洲、北美洲、大洋洲和亚洲等。只要零售商发出补货订单，补货配送中心就可以在24小时内完成分拣、包装和运送。

供应链的变化对主生产计划的执行方式以及销售预测、库存计划、订单接收和交付过程都产生了深远的影响。此外，这个解决方案影响了组织中从制造环节到零售环节的每一个人。

　　不过，这种努力显然是值得的，尽管新的供应链管理模式比以前的模式要复杂得多。例如，客户服务水平从 70% 左右上升至 95% 以上，而物流成本占比则从超过 14% 下降至不到 9%。爱步在 15 年前就开发出了这个新的供应链模式，并一直沿用至今。

制定统一的议程：设计与供应链协同工作

　　从本质上讲，与供应链相关的设计决策会在以下四个关键领域对企业产生影响。

- **成本**：影响制造成本和供应链成本，而且后续会对盈利能力产生影响。
- **敏捷性**：影响产品和库存的复杂性、供应商的选择和交付时间。
- **风险**：影响复杂性、采购决策和交付时间。
- **可持续性**：产品（和企业）的碳足迹可以对产品的再制造性和可回收性产生影响，并通过空间利用率和运输强度影响企业的可持续性。

　　因此，本书认为供应链设计应该"从制图板开始"，而且整个组织都应该意识到设计决策在这四个领域对企业产生的影响。设计不只是一种新奇的想法或为产品带来风格变化的活动，事实上，设计还具有战略意义，它影响着整条供应链。

传统上，这种概念上和组织上的联系并不是普遍存在的。虽然有些组织已经发现了这种联系，并开始充分利用它，但许多组织要么只是偶尔这样做，要么根本不这样做。

我们也不难看出为什么会出现这种情况。在过去，大多数组织的结构都是基于职能部门构建的，供应链中的每一个阶段，包括设计，都是独立于其他阶段存在的。

这导致的一个不可避免的结果是，设计和设计部门支离破碎。采购、制造、配送、风险管理中的任何一个环节，都无法足够充分地影响设计流程。一体化供应链管理的出现不仅为这场辩论带来了强有力的新声音，而且起到了一种优先级排序机制的作用：与其处理采购、配送、制造等方面存在的相互竞争的问题，还不如创建一个统一、有序的"购物清单"。就在这里，照做即可。

还有一个问题是，在许多企业中，新产品开发流程不仅在组织层面上与其他业务分离，而且是线性的、连续的。这会对产品的上市时间产生影响，而且企业倾向于认为制造及产品设计涉及的供应链事项是应当事后考虑的事情。换句话说，产品首先被构思和开发，然后才被优化。

在这一过程中，部分做法显得比较随意："这是我们的产品，你觉得怎么样？"但是，部分做法又显得过于正式。在一些组织中，制造工程师的工作是完成产品设计，然后对其进行再设计或重新设计，以提升可制造性。包装工程师为包装做同样的事情，采购工程师也为采购做同样的事情。这些"事后诸葛亮"的做法，尽管比什么都不做要好得多，但从本质上讲，都有些浪费资源，而且不是最好的做法。为什么不选择在第一时间得到正确的结果，从而加快（而不是减慢）产品进入市场的速度呢？

在当今充满挑战的市场中，这些孤岛式的组织结构和"事后诸葛亮"的做法已经无法帮助我们实现目标了，尤其是需要将其与本身是线性的和连续的开发流程相结合时。我们必须做出改变。

需要做出的改变是显而易见的。摒弃孤岛式的组织结构的同时，设计部门和供应链部门需要制定一个统一的议程——一个用来解决成本、敏捷性、风险和可持续性等各类问题的议程。

接下来，我们将介绍如何制定统一的议程，以及如何为展开共同讨论创造机会。

- 在第 2 章中，我们将讨论产品设计与供应链之间的接口。
- 在第 3 章中，我们将研究设计风险管理。
- 在第 4 章中，我们将考察设计和敏捷性。
- 在第 5 章中，我们将关注设计和可持续性。
- 在第 6 章中，我们将探讨每一章的主题是如何联系在一起的，供应链和设计是如何在实践中更紧密地结合在一起的，并讨论这种联系对教育和未来发展的更广泛的影响。

检查清单：设计专业人员要回答的问题

☐ 您所在的企业面临的五个最重要的供应链挑战是什么？

☐ 产品设计能在多大程度上影响这些挑战？

☐ 您所在的企业的设计规范从哪些方面正式规定了设计时要考虑制造与
供应链问题？

☐ 您和供应链部门的同事多久见一次面？

☐ 您所在的部门是否有与制造和供应链部门的正式的联合会议？

检查清单：供应链专业人员要回答的问题

☐ 您所在的企业的设计部门有哪些？

☐ 您所在的企业的主要制造基地与主要供应链活动发生地点相距多远？

☐ 针对制造和供应链专业人员在产品设计的早期阶段为设计部门提供输
入，您所在的企业是否有正式的机制？

☐ 您是否与设计部门召开过正式会议来讨论制造和供应链问题？

☐ 您能想到在您所在的企业中某些看似简单却能对供应链产生重大影响
的产品设计变化吗？

PRODUCT DESIGN AND
THE SUPPLY CHAIN
Competing Through Design

第 2 章
产品设计与供应链之间的接口

供应链应该从制图板开始是本书的核心观点之一。本章将探讨设计与供应链之间的联系，并说明设计决策如何影响供应链，进而对企业绩效产生重大影响。

　　本章介绍了时装零售商玛莎百货（Marks & Spencer）、计算机制造商戴尔、飞机制造商空中客车（Airbus）和快时尚零售商 Zara，对比了约束设计和无约束设计，并引出了 4C 设计模型。然后，本章还概述了产品生命周期管理技术，它是促进设计部门与供应链部门更好地合作的一种工具。

一个标志性高街品牌的陨落

多年来，英国标志性的时装、家居用品和食品零售商玛莎百货似乎一直顺风顺水。1998 年，它成为第一家宣布年度税前利润超过 10 亿英镑的英国零售商。长期在该公司任职的理查德·格林伯里（Richard Greenbury）担任该公司董事长，他曾是玛莎百货的管理培训生，在 17 岁时便加入了该公司。在格林伯里的领导下，该公司似乎将继续在商业街中占据统治地位。

但是，变革正在酝酿之中。回想起来，1998 年可能是玛莎百货的巅峰时刻。从此之后，该公司未能很好地适应诸如全球化、休闲服饰和时尚产品生命周期缩短等趋势。该公司超过 3/4 的产品来自英国，并从库存水平相当于 7 周销量的仓库发往零售网点。

这条复杂的供应链是由很多位于总部的设计团队和采购团队在将产品交付给商店之前一年里对产品线制订的计划和所做的安排构成的。由于预测和计划不周，补货往往到达得很慢。

就在该公司庆祝利润突破 10 亿英镑之际，观察人士指出，玛莎百货似乎越来越与时代和市场脱节。关于玛莎百货对时尚趋势的预测，迈克尔·皮奇（Michael Pich）、卢多·范·德·海登（Ludo Van der Hayden）和尼古拉斯·哈尔（Nicholas Harle）写了这样一段话。

因为相信灰色和黑色将在 1998—1999 年流行，玛莎百货已经围绕这两种颜色开发了自己的系列产品。考虑到前置时间，公司不得不在季前一年做出这个决定。遗憾的是，该公司赌输了。"当我们意识到我们做出了错误的选择的时候，已经来不及订购更多颜色的产品了。"玛莎百货的发言人评论道。

结果，这段时间被商业媒体描述为"该公司史上最大的销售淡季"。销售淡季本身对玛莎百货来说就是极其罕见的事情。该公司价值超过 5 亿英镑的产品价格被大幅下调，公司税前利润锐减至 6.56 亿英镑，股价也开始急剧下跌。

该公司迫于形势，放弃了常规做法，开始为产品打广告。该公司还发现，长期以来拒绝接受第三方信用卡支付的做法使其在英国服装市场中的份额下降到了 14.3% 这一历史低点。

与此同时，一项调查显示，该公司的客户群正在步入老年化。在英国的核心地区，该公司在 15~24 岁人群中占据的市场份额仅为 5%，在 65 岁及以上人群中占据的市场份额为 24%。

管理层的人事变动导致该公司的 125 名高管中有 31 人离开了公司。格林伯里成为董事长，新上任的 CEO 彼得·索尔斯伯里（Peter Salsbury）发誓要在两年内让公司扭亏为盈。

著名零售业分析师理查德·海曼（Richard Hyman）说："该公司从现在开始将采购更符合当季时尚潮流的产品，改进款式和质量，并提高价格。"但是，《经济学人》（The Economist）得出的结论是，后来的供应链重组"搞砸了"。"这让供应商感到不安。配送地离得越远，管控难度越大，进而导致配送成本上升、质量下降。"

格林伯里于 2000 年离职，负责消费品和零售业务的高管、比利时人吕克·范德韦德（Luc Vandevelde）接任董事长一职。没过多久，索尔斯伯里也离开了公司。在 2001 年接受《每日电讯报》（Daily Telegraph）的采访时，范德韦德承认，该公司不再了解市场，并失去了 35～55 岁年龄段的核心客户。

令人难以置信的是，历史后来重演了。该公司在对全球化的影响置若罔闻多年之后，终于在 20 世纪 90 年代末加入了竞争对手的行列，开始进行海外采购。但是，在 2003 年的圣诞节，它犯了一个大错。像往常一样，该公司在几个月前就下了冬季时装的订单（之前在大多数情况下会提前整整一年下单）。该公司认为，即将到来的冬天将是寒冷而干燥的，因此人们会对针织品产生强劲的需求。结果事与愿违，2003 年的冬天既暖和又潮湿。

更糟糕的是，早在春季的时候，该公司未能预测英格兰队将在橄榄球世界杯（Rugby World Cup）上取得令人兴奋的成功。在此期间，消费者都盯着电视机，而很少去商店购物。在圣诞节前夕的关键时刻，消费者的购买量比正常水平低得多，而那些真正走进店里的消费者却发现货架上的商品并不符合他们的口味。

在悲惨的事实面前，该公司首次在圣诞节前推出了促销活动，期望通过大幅打折来清除库存。

以设计为中心的企业

为什么要关注玛莎百货和这些早已过去的事情？原因很简单，玛莎百货在世纪之交的艰难历程集中体现了本书所谈到的产品设计与供应链之间的关系，时装零售业等以设计为中心的行业的例子可以很好地说明这一点。

即便到了今天，玛莎百货在 1997—1998 年取得的业绩仍然标志着该公司的财务表现达到了前所未有的巅峰水平。玛莎百货被视为仅次于沃尔玛（Walmart）的全球第二大盈利的零售商，其在商业实力、股东回报、企业和社会责任方面取得的成就令人羡慕。

但是，世界变了。玛莎百货再也不能将亨利·福特（Henry Ford）式的时尚观点（即"你可以选择任何你喜欢的颜色，只要它是黑色的"）强加给消费者了，它发现自己被竞争对手打败了。这些竞争对手并没有提前一年下订单，也没有赌自己的选择是正确的，而是对市场中的实际销售情况做了灵活的应对。

换句话说,正如我们在第 1 章中看到的,供应链始于制图板,设计部门和供应链部门应该协同工作,以制定一个共同的议程——一个旨在最大限度地提升响应能力并扩大选择空间,同时尽量减少成本、库存和浪费的议程。浪费?的确如此。从收入和利润方面来考虑,浪费非常严重,因为企业必须通过"减价清仓"来鼓励消费者去购买那些卖不出去的产品。

换句话说,通过将产品设计和供应链更紧密地联系在一起,以设计为中心的企业有机会把产品成本和供应链成本最小化,而且在把供应链敏捷性最大化的同时把供应链风险最小化。

以设计为中心:不只是为了时尚

这不仅仅是时装企业的问题,尽管随着产品生命周期的缩短和消费者偏好的不断变化,时装业几乎成了一个独一无二的行业,它最赤裸裸地凸显了好的做法和坏的做法。在本书中,我们将反复看到与时尚相关的企业是如何将产品设计与供应链联系起来的。不仅如此,本节还将以一种非常有意识和深思熟虑的方式将这种联系放在企业战略的中心位置。

戴尔的崛起形成了个人计算机行业的一股颠覆性力量。在以设计而非时尚为中心的行业中,戴尔是展示了这种联系的一个极端例子,尤其是在企业战略层面。

1983 年,迈克尔·戴尔(Michael Dell)从大学退学,创立了戴尔。当时,他发现自己可以购买一些计算机部件,然后将它们安装到自己购买的国际商业机器公司(IBM)生产的计算机上,当买家指定为计算机添加哪些部件时,他就能以其愿意购买的价格出售升级后的计算机。

1985 年,戴尔从为他人组装增强版计算机转变为自行组装计算机。其业务建立在直接把计算机卖给客户的商业模式上，而不是通过经销商销售。这种模式使戴尔能够精准地向客户说明其提供的计算机所包含的客户期望的内置功能和组件。

在市场中，根据客户的需求来配置计算机是一个很有吸引力的卖点，内存、磁盘驱动器、处理器和存储方式都可以定制化配置。对戴尔来说，采用以订单为导向的商业模式来设计产品、商业模式和供应链，为其带来了令人羡慕的结果，尤其是在 1996 年戴尔开始在互联网上销售计算机之后。

如果在网上订购一台戴尔计算机，一系列引人注目的事情就会迅速发生。几乎一瞬间，软件系统就确定了构建个人计算机所需的相关部件；然后，对供应商的库存系统进行查询，以确保部件在下单之前是有库存的。在几小时内，部件将由供应商最近的配送点交付，组装工作得以开始。

这是一项令人印象深刻的成就，由此产生的财务绩效更加令人印象深刻：在制品数量极少，完全没有原材料或零部件库存，而制成品库存主要是维修用的备件。戴尔的模式非常适合个人计算机行业使用：存储芯片和处理器价格持续下降，但该公司的产品范围仅限于装配线上的计算机。最重要的是，这一体系确保了该公司的快速增长主要基于自筹资金。

1999 年，戴尔超越康柏（Compaq），成了世界上最大的个人计算机制造商，并在两年内，在基于英特尔（Intel）处理器的服务器领域完成了同样的壮举。

戴尔的创始人迈克尔·戴尔将其精简灵活的生产线与竞争对手高度自动化和严格标准化的生产线进行了对比，然后评论道："我们提供大规模定制服务，而不采用市场领导者那种'一刀切'的方式。这是客户喜欢的方式。"

换句话说，戴尔的天才之举在于他将产品设计与供应链紧密地结合在了一起，而且使两者之间的边界变得更加模糊，甚至根本不存在。戴尔通过使其计算机在装配线上流转时更易于配置，将大部分设计流程转变为由最终客户执行的"按订单配置"流程，选项菜单与由供应商操作的及时补货流程巧妙地联系了起来。同样巧妙的是，这些供应商及可供客户选择的组件本身也是根据这种商业模式挑选出来的。

对一些人来说，戴尔的例子有些极端。但实际上，这只是基于推式（或拉式）补货的、由需求驱动的供应链逻辑的延伸。自 20 世纪 80 年代精益制造在西方开始流行以来，企业一直在努力地遵循这种逻辑。既然可以设计出满足客户需求的计算机，按照客户要求的规格进行配置，并通过精心设计的商业模式交付这些计算机，为什么还要让仓库里堆满客户可能并不想要的计算机呢？

空中客车的部件连接故障

戴尔是非时尚行业中的一个例子（不一定适用于所有的情况），现在让我们来看一个本意不错却最终失败的案例。

我们来了解一下空中客车的巨型客机 A380 的发展过程。这种宽体客机是世界上最大的客机，与空中客车早期的机型相比，它代表着空中客车在设计与生产复杂性方面向前迈出了巨大的一步。此外，从项目验收到向客户交付第一架飞机，整个设计和开发时间只有 6 年，空中客车认为这个时间有点紧，但的确是可行的。

A380 的主要结构部分在法国、德国、西班牙和英国制造，并最终在法国图卢兹（Toulouse）组装成完整的飞机。显然，在参与空中客车 A380 制造的 16 家机构中，设计师之间、设计师与生产工程师之间的密切合作和协调将比以往更加重要。

更重要的是，空中客车 A380 的开发和生产是同时进行的，使用的是空中客车专有的方法——空中客车并行工程，但不同机构的设计人员采用的是不同的方法，而且使用的是不同的设计软件。

法国设计师使用的是由法国软件公司达索系统公司（Dassault Systèmes）开发的两个名为 Catia 和 Circe 的三维建模程序（当时已在波音 777 客机上成功地使用了 10 年），而德国工程师更喜欢使用由美国软件公司计算机视觉公司（Computervision）开发的一个二维软件包，该软件包在 20 世纪 80 年代非常流行。

其结果是，飞机的前后机身到达图卢兹并组装成完整的机身后，原本要安装在机身上的电缆太短。确切地说，前后机身无法组装在一起。在每架飞机上，10 万条不同的电缆总长度约为 531 千米，令人头疼的问题是显而易见的。随着越来越多不完整的机身部件到达图卢兹，一队德国装配工人到达了现场，人数甚至超过了法国工人。

空中客车前后宣布了三次交付延迟，总计延迟两年。计划中的产能爬坡不得不放缓。原先预估 2008 年有 13 架 A380 飞机交付使用，结果直到 2007 年 10 月才完成首次交付。截至 2010 年，空中客车的预期利润缺口攀升至 48 亿欧元，随后出现了一系列高层管理人员离职的情况。

没有魔杖

显然，这些关于以设计为中心的企业的案例（如玛莎百货、戴尔和空中客车）呈现了许多不同的主题，举例如下。

- 最明显的一点是产品设计与供应链之间的联系十分重要。这种联系不是一种可选的、有会更好的东西。相反，它是企业成功与否的一个重要影响因素。如果企业设计其销售的产品，那么产品在成本、风险、上市时间、敏捷性和可持续性等方面的表现都会受到这种联系的程度和性质的影响。

- 产品设计与供应链之间的错误联系可能会限制企业的发展，玛莎百货和空中客车就是很好的例子。企业奖励成功，惩罚失败，而设计与供应链之间的正确的紧密联系有助于将企业引向成功，而不是失败。不管是在设计部门和供应链部门内，还是在这两个部门外，受失败影响（并因成功而得到回报）的都不仅仅是高管，而是整个组织。

- 在产品设计与供应链之间建立这种联系并不是一件简单的事情。并不是只要董事会挥动一根魔杖，然后说"做吧"，就能做到。玛莎百货和空中客车的案例都反映了"组织惰性和组织领地成了障碍"这个问题（如果想了解更多关于空中客车的情况，可以参考本章末尾提到的"在大量混乱的信号中，管理层一再忽视警告信号"）。

- 这种联系发生在多个维度上。董事会仅仅说"产品设计部门与供应链部门必须更紧密地合作"是不够的。相反，企业必须致力于实现更密切的沟通，努力消除第 1 章及空中客车和玛莎百货的案例提及的各种障碍。这些障碍包括：

  - 距离和地理方面的障碍。
  - 组织结构和部门"领地"的障碍。
  - 组织文化方面的障碍。
  - 资源提供方面的障碍。
  - 企业制度方面的障碍。

- 至关重要的是，企业应该建立一个被充分理解和赞同的战略，而且该联系应该是得到优化的。建立这一战略并就其进行明确的沟通是很重要的。让产品设计部门与供应链部门紧密合作固然很好，但它们之间的对话和共同努力要有一个侧重点。空中客车 A380 交付延迟事件给空中客车带来的教训是，它认为自己采用的战略是为快速导入而设计（Design for Rapid Introduction），但更安全的战略可能是为制造而设计（Design for Manufacture）。

现在，我们来考虑如何在以设计为中心的企业中建立这种正确的、紧密的联系。首先，我们从思考能够真正实现产品设计与供应链之间的联系的战略开始。

供应链从制图板开始

我们稍加思考就会发现，设计部门可以与供应链部门一起追求许多共同目标。

例如，他们可以通过巧妙的设计、精心选择的材料和建立为供应而设计（Design for Supply）的原则等手段来实现为产品成本而设计（Design for Product Cost），从而推动组件重用和产品标准化计划的落实；或者采用诸如组件重用和供应商重用之类的战略，同时也使用诸如并行工程之类的快速开发方法（产品设计、可制造性设计、供应商选择和零件订购等环节并行，或者至少在一个较短的时间内完成），以实现为快速上市而设计（Design for Rapid Time to Market）。

此外，它们还可以追求其他目标，如可持续性设计、可制造性设计或者本地化设计（Design for Localization）①。

———————————

① 电子产品制造商针对全球市场所使用的一种技巧，其制造基地高度集中。

这反过来又引发了进一步的思考。例如，本地化设计很可能涉及仿真和建模，以便平衡为特定市场生产的变体产品数量与将要定制的变体产品数量，并平衡由此产生的库存和本地化中心。

1993 年，李效良（Hau L. Lee）、柯里·比灵顿（Corey Billington）和布伦特·卡特（Brent Carter）在一篇重量级论文中指出，这些问题不容易快速解决。该论文研究了惠普（HP）针对全球台式打印机业务所做出的选择。与优化工厂和供应链中的产品流一样，建模和仿真可以减少解决这些问题所耗费的时间和精力，但需要耗费的时间和精力仍然很多。

不过，这些努力所带来的收益是非常可观的。就惠普而言，这些收益足以促使该公司颠覆以往以工厂为基础的产品本地化设计方法（提供恰当语言版本的产品手册，以及适用于特定市场的电源线），并在东亚和欧洲的区域配送中心实现本地化。对此，李效良、比灵顿和卡特写了这样一段话。

从整体上看，财务影响为，配送中心本地化让库存投资减少了 18%，但向客户提供的服务（现货供应率）没有变化。通过对库存的持续投资，惠普从工厂本地化到配送中心本地化的转变提高了现货供应率。得益于这一转变，惠普把打印机运送到远东和欧洲的分销中心的做法将降低运输成本。

Zara的战略权衡

不过，本地化只是必须做出的选择之一。显然，根据企业的总体战略、产品战略和供应链策略，企业还需要做出许多其他的选择，还需要解决一些冲突并做出妥协。例如，可持续性设计可能需要企业在产品成本和供应商选择之间进行权衡。同样的道理，为了制造而优化设计所花费的时间可能会影响产品的上市时间。

西班牙 Inditex 旗下的时装连锁零售商 Zara，正是一家利用了这些选择和权衡来获得巨大商业成功的公司。这家公司成立于 1975 年，现在是世界上最大的服装零售商之一，拥有 Massimo Dutti、Pull & Bear、Bershka、Stradivarius、Oysho、ZaraHome 和 Uterqüe 等品牌。在公司成立后不久，Zara 的管理层从 20 世纪 80 年代就开始实行一种快速创新的战略，该战略颠覆了很多传统的观点。

Zara 的目标不是成为时尚的领导者，从而左右消费者的品味，而是成为时尚的跟随者，通过灵活的设计流程、垂直一体化的制造模式、从汽车业学来的准时制生产方式、最大限度地利用延迟策略（例如，订购未染色的织物，直到确定当前流行色时才进行染色）以及精简而高效的配送，迅速应对消费者品味的变化。对此，迈克尔·皮奇、卢多·范·德·海登和尼古拉斯·哈尔写了这样一段话。

消费者很快就了解到，Zara 每周都会推出新产品，70% 的产品系列每两周就会推出新产品，而且新产品的数量有限，目的是保持其新颖性并避免市场饱和。成功的设计往往只是在颜色、样式或装饰品上有所变化。Zara 紧跟时尚潮流，并没有瞄准"大众"。

Zara 的过人之处不在于它的设计流程本身，不在于垂直一体化的制造模式，也不在于它对延迟策略的熟练运用，而在于它巧妙地利用供应链将上下游业务连接起来。它经营的商店塑造了它的下游供应链，它的制造和采购业务塑造了它的上游供应链。

如今，我们对大数据、预测分析和大规模试验已经司空见惯。谷歌和亚马逊（Amazon）等公司每年都会进行数千项试验，对算法和网站进行细微的修改，然后根据结果调整算法和网站。这些变化可能很小，个体用户可能永远也不会注意到这些变化，但总的来说，它们的重要性足以将许多个体用户的集体行为推向可预测的（和有利可图的）方向。

早在"大数据"一词被创造出来的几十年前，Zara 和 Inditex 旗下的其他品牌就将商店（及其员工）视为营销情报的宝贵来源。在著名的商学院案例研究中，卡斯拉·费尔多斯（Kasra Ferdows）、荷亚·马舒卡（José Machuca）和迈克尔·刘易斯（Michael Lewis）教授描述了这样一个试验。

当卡其色的裙子在拉科鲁尼亚上架几小时后就销售一空时，产品市场专员伊莎贝尔·博尔赫斯（Isabelle Borges）发现，这款裙子在其他商店的销量也很高。她知道这款裙子一定会风靡一时，于是在几天内就开始向三个大洲的商店供应这款裙子。

2012 年《纽约时报》（*The New York Times*）刊登的一篇文章在此主题上进一步展开，说明了 Zara 如何巧妙地利用其下游供应链来洞察哪些产品卖得好、哪些产品卖得不好，以避免我们在玛莎百货看到的库存过多、商品滞销及减值所带来的冲击。

Zara 的门店经理会观察消费者购买哪些产品、不购买哪些产品，甚至包括他们对店员说的话，如"我喜欢这个领子"或"我讨厌脚踝上的拉链"。门店经理将这些信息报告给总部，然后这些信息被传递给设计师，之后设计师据此开发新的设计并把它们发送给工厂。

在这一点上，上游供应链开始发挥作用。Zara 有能力迅速将这些信息纳入其设计流程，然后将这些设计转化为成品服装，最终进入下游的 Zara 商店。从整个发展历程来看，Zara（以及 Inditex 旗下的其他品牌）一直重视本地制造，而不是到远东地区进行低成本采购，因为本地制造所具备的供应链响应能力和敏捷性较强。

换句话说，它的服装来源靠近其国内市场，因为它愿意承担更高的制造成本，以换取更短的前置时间和更少的在途库存。当顾客的时尚品味发生变化时，它可以快速地做出反应。它会在货架上摆放顾客确实想要购买的产品，而不会使这些产品被放入货箱。货箱中都是顾客不想要的存货，这些存货迟早要打折出售。

Zara 巧妙地将本地设计和生产（应用于对响应能力和敏捷性要求很高的产品）与远距离离岸制造（应用于对成本和零售价格很敏感，但对响应能力和敏捷性要求不高的产品）相结合。

例如，费尔多斯、马舒卡和刘易斯描述了 Zara 位于西班牙拉科鲁尼亚的总部的情况。在光线明亮、宽敞且通风良好的房间里，设计团队与负责采购和生产计划的同事及市场专员（通常以前是门店经理）一起工作。这些市场专员与他们负责的门店的经理保持着密切联系。

生产什么、何时生产和生产多少的决策通常是由相关的设计人员、市场专员、采购人员和生产计划人员共同做出的。与同行一样，该团队也致力于开发针对下一季的设计，同时不断地更新当前的设计。

在西班牙、葡萄牙和北非的工厂网络中，该公司超过一半的生产都集中在拉科鲁尼亚总部周围，这进一步提升了公司的生产速度和响应能力。

在拉科鲁尼亚总部附近生产（并进行全球配送）市场最需要的、以时尚为中心的产品的策略，意味着这些产品的生产从开始到结束只需要 2~3 周的时间，不到西班牙国内服装制造行业标准时间的一半。生产的平衡是由供应商决定的，尽管 Zara 也与来自中国、孟加拉国和越南的供应商合作，但其大多数供应商都位于欧洲。

由此，我们很容易理解为什么 Inditex 仍然维持着长期奉行的不做广告的战略，并用 Zara 品牌主导着快时尚市场。Zara 对市场的敏感程度令人难以置信：它一直关注哪些产品卖得好，并根据这些信息来开发新的设计；同时，它拥有一条近在咫尺的供应链，该供应链可以在 3 周甚至更短的时间内完成从设计到销售的整个过程。

换句话说，通过将对市场最敏感且以时尚为中心的产品的生产保持在离西班牙总部较近的位置，并抵制从低成本经济体大量采购产品的诱惑，该公司正在有意识地权衡产品成本与它认为的低成本经济体所交付的低成本产品的负面影响，如大量的在途库存、迟缓的响应、打折销售滞销或没人要的产品、较高的运输成本及缺乏弹性。它不是试图提前几个月预测客户将购买什么，而是生产和销售消费者打算购买的产品和真正想要购买的产品。

案例研究：纽洛克——通过设计与供应链的接口开展竞争

1969 年，纽洛克（New Look）由汤姆·辛格（Tom Singh）在英国西南部小镇陶顿（Taunton）创立。到了 2008 年，纽洛克已经成长为英国第三大女装零售品牌，仅次于玛莎百货和服装品牌 Next。

纽洛克给自己的定位是追随时尚潮流的平价时装零售商，同一细分市场的主要竞争对手是 H&M。其他竞争对手包括 River Island、Miss Selfridge、Topshop、玛莎百货、Next 和 Zara 等时装零售商，以及阿斯达沃尔玛（Asda Walmart）旗下的 George、Peacocks、Primark、Matalan、Sainsbury 和乐购（Tesco）等低价零售商。

纽洛克于 1998 年在伦敦证券交易所上市，当时已拥有 200 多家门店，其中一些位于欧洲其他地区。2006 年，纽洛克与私募股权投资公司 Apax

Partners 和 Permira 合作，再次进行私有化，并于 2015 年以 7.8 亿英镑的价格被出售给南非私募股权投资公司 Brait SA。

当时，它的销售额已增长到 15 亿英镑，门店数量超过 1 100 家，并把业务扩展到了比利时、法国、荷兰、爱尔兰、罗马尼亚、马耳他、马来西亚、韩国、新加坡、泰国、印度尼西亚、阿拉伯联合酋长国、中国、德国、俄罗斯、巴林、沙特阿拉伯、阿塞拜疆和波兰。

纽洛克的成功在很大程度上取决于它对时尚快速而灵活的响应，这体现为它能够迅速将时装秀上的潮流单品变成大众买得起的服装。截至 2008 年，纽洛克能够在 8~12 周内将一个时尚创意转化为成品服装，并努力将转化周期压缩得更短。纽洛克频频推出售价较低的新款产品，这能使其产品保持新颖，并与时尚潮流保持同步。截至 2008 年，纽洛克客户的平均年龄为 29 岁，每个客户平均每年光顾纽洛克门店 34 次。

纽洛克最初只有两名设计师，他们观看时装秀，咨询趋势预测机构，并根据他们的所见所闻绘制设计草图。他们提前很久开展设计工作，并与采购人员和销售人员分开工作。

2008 年，纽洛克将其设计团队的规模扩大到了 25 人。他们负责开发50% 以上的内部设计，并确保供应链能够以高效的方式把这些设计变成实物产品。设计师们努力创造时尚的产品，这强化了公司的核心经营理念中的关键要素（即时尚、最优价、最优质）之间的平衡。

纽洛克的官方网站称：

> 我们把客户放在一切工作的中心，这有助于我们理解他们寻找产品时的感受。不管最终是在什么场合，我们都要确保他们穿着我们的服装时感觉很棒。

为了做到这一点，纽洛克的设计师做了广泛的实地调研，并从商品交易会、展览和旅行中汲取灵感。该公司核心业务流程的一个重大转变是在产品设计和供应链之间建立了能让两者的联系更紧密的接口，设计师可以通过这个接口与客户、制版商、销售人员及供应商紧密合作。设计团队特意使用了标准框架和流程，这些框架和流程可以使设计团队成员在整条供应链中快速地进行沟通。

专门为供应商开展离岸业务而开发的计算机辅助设计（Computer Aided Design，CAD）系统使设计流程变得更加透明，也提高了设计样品的速度和样品质量。此外，纽洛克已经投资开发 Gerber 系统，这是一种基于 CAD 的裁剪技术，它能使设计师和产品开发人员在织物层上绘制服装的各个部分，以最大限度地减少织物浪费。这种技术是与供应商共享的，这有助于降低成本并缩短从设计到制造的时间。

该公司严格地控制其供应链，并优化了沟通流程，以确保供应链成员之间的持续交流。这样一来，该公司就能对时尚潮流的变化迅速做出反应，订购数量合适的产品，把这些产品送到合适的目的地，并最终以具有竞争力的价格售出。

纽洛克的成功在很大程度上取决于供应链将其设计转化为产品的速度。这需要设计师进行强有力的输入，他们必须理解供应链的能力或局限性；也需要供应链管理人员在理解设计师需求的基础上，对生产流程进行强有力的输入，然后制订将设计高效地转化为产品的详细计划。

该公司一般向亚洲和欧洲的多家大型独立供应商采购，但严重依赖于少数几家战略供应商。截至 2008 年，该公司一半以上的服装由两家分别位于土耳其和中国的供应商供应。当开发出新的设计时，该公司的战略是把最新设计发送给这两个合作伙伴，以便其中任何一家都可以开始生产；然后根据前置时间和产量，适当地选择其他生产地点。

与季前大批量采购不同，纽洛克的战略是全年定期采购。这一战略带来了三个重要的好处：首先，最大限度地减少了库存所占用的资金；其次，降低了产品在季末未售出的风险；最后，将降价销售的可能性降到了最低，降价销售对整体利润水平有重大影响。

约束设计与无约束设计

2006 年，资深供应链分析师马克尔·伯克特（Michael Burkett）撰写了一篇很有影响力的文章。这篇文章探讨了设计与以设计为中心的企业的供应链之间的关系，并将相关的活动和选择想象成一个进化过程，该过程在一个"为供应成熟度而设计"（Design for Supply Maturity）的模型框架内进行，目的是平衡价值与复杂性。简单的产品设计与供应链仅能提供有限的价值，换句话说，更复杂的产品设计与供应链能提供更大的价值。柏克特的建议是，从简单和直接开始，从那里开始构建。

然而，重要的是，这些不同的活动和选择意味着产品设计师与供应链专业人员之间真正的双向对话。伯克特说，这种对话标志着设计的供应成熟度达到了一个更高的水平。

换句话说，这与设计部门设计一个产品，然后将其扔给制造和供应链部门，让它们想办法用某种方式交付的做法有根本的不同。让双方进行真正的对话，做出真正的选择才是至关重要的。

也就是说，选择和妥协可能会出现，这可能会让产品设计师感到棘手，也可能会让供应链专业人员有些头疼，或者两者兼而有之。

最重要的是，产品或创意越新颖，这种冲突就越多，而且都是需要解决的。对此，伯克特写了这样一段话。

虽然重用是改善批量定价的可靠方法，但如果应用得过于严格，就会限制创新。为了保证供应而优化设计，同时开发新产品并确保长期的利润增长，公司需要在此过程中做出权衡取舍。与供给成本相比，创新带来的好处是什么？

战略权衡

伯克特对"约束"一词的使用很能说明问题。为了进行这种对话和做出必要的权衡，产品设计部门必须克服一些由供应链带来的、针对设计和创新的限制。

显然，在以设计为中心的企业中，这对一些设计师和设计部门来说并不总是一种令人舒心的（或者是可接受的）情况。例如，在高级时装品牌Haute Couture的设计团队中，我们可以想象，设计师并不愿意受到由供应链带来的设计限制。这是因为，从处于这种商业模式和环境中的设计师的角度来看，他们可能会认为：自己的作用是构思设计，而供应链的作用是采纳这些设计并将设计变成实物产品；设计在这个过程中不应该有丝毫改变，也不应受到限制。

因此，这就是将产品设计分为受约束的和不受约束的是明智之举的原因。在本书中，我们只讨论约束设计。因为受约束的设计部门愿意或能够接受业务中其他方面的供应链输入，以便通报其设计结论。不受约束的设计部门不愿意或不能接受这种输入，因此，除了试图改变这种不愿意，供应链部门几乎无能为力。

这并不一定意味着受约束的设计部门必须服从于生产设计，从设计师的角度来说，这相当于做出了妥协（尽管这种妥协肯定会出现）。相反，其重点在于制定设计决策，同时事先了解这些决策将如何影响我们已经研究过的各种情况下的供应链成本、风险和前置时间。

以包装为例，大多数设计师都希望产品的包装能体现功能性和美学价值，并反映和支持相关的品牌价值。这增加了可能的包装方案，这些方案可能都体现了功能性和美学价值，也反映了品牌价值。但是，并非所有这些包装方案都会对供应链产生同样的影响。在供应链产出这个方面，有些方案会比其他方案表现得更好。

设计师必须在初始的包装方案上做出妥协，以求得到更多的供应链产出吗？这是有可能的。但是，我们希望大多数设计师秉持务实的态度并反思这一事实：消费者真正购买的是产品，而不是包装。简而言之，消费者寻求的是产品所提供的实用性，即便产品包装被丢弃很久之后，该产品仍将继续具备实用性。

对颜色、选项、功能和材料进行选择时，情况也是一样的。设计师会有自己的观点，供应链专业人员会有针对这些观点的观点。偏离设计师对产品最初（或首选）的愿景是否必然是一种妥协？对一些设计师来说，也许是这样的。但是，更多的设计师会秉持务实的态度：如果这种妥协有助于使产品获得商业上的成功，那么这种妥协也会使他们的设计被更多的消费者接受和赞许，而不会出现其他情况。

4C 模型：将产品设计与供应链结合起来

那么，在以设计为中心的企业中，设计部门与供应链部门之间的对话是如何进行的呢？供应链输入如何更好地反映在设计中，以确保供应链产出得到优化呢？

此外，鉴于我们看到的这种对话及交流障碍的存在，什么样的组织结构有助于实现这种对话和交流，从而避免出现对空中客车和玛莎百货产生重大影响的那种脱节的关系？

思考一下第 1 章和第 2 章介绍的例子，不难从中得到一些启发。另一些启发来自第 1 章末尾的检查清单，其重点是设计部门和供应链部门之间的沟通的性质和频率。

笔者多年从事相关的研究，有力地证明了以下四个关键因素中的任何一个都可以在 Zara 等以设计为中心的企业中发现（见图 2.1）。

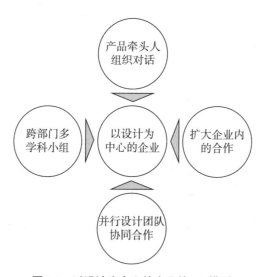

图 2.1　以设计为中心的企业的 4C 模型

来源：奥梅拉·汗和亚历山德罗·克雷亚佐（Alessandro Creazza）

- **扩大企业内的合作**可以确保设计决策的影响能够获得供应链部门与外部供应商的理解。通过这种合作，企业及其供应商将共同减少与设计和供应链相关的风险，并通过供应商的早期参与，确保产品通过供应链顺利到达最终客户手中。

- **并行设计团队**在同一地点办公，设计部门和相关的供应链专业人员的物理距离很近，目的是促进这种紧密的合作。与产品设计和开发相关的所有团队要么在同一地点办公，要么虽然在地理上是分散的，但能以接近实时的速度传递信息而近乎于在同一地点办公，从而确保产品顺利地从制图板上的草图变成投向市场的实物。

- **跨部门多学科小组**由设计师和供应链专业人员组成，他们并行开展工作，并共同参与设计流程。这一小组还可以包括一级和二级供应商，以便企业从供应商的早期参与中获益。

- **产品牵头人**的任务是确保各种对话顺利进行，并确定由谁负责对设计决策的结果进行最终的评估。产品牵头人负责管理产品设计与供应链之间的接口，监督并行设计流程，并确保产品架构和供应链设计相互匹配。

克服组织阻力

不过，做到这一切很不容易。正如前文所述，一个人简单地挥舞魔杖，宣布从今往后企业将变成一家以设计为中心的企业，这种事情是不可能发生的。事实上，传统企业改变商业模式时所面临的挑战要比从一开始就以设计为中心的初创企业大得多。纽洛克、苹果、戴尔和 Zara 等公司在成立之初就接触并采用了以设计为中心的组织原则，这并不是偶然的。久负盛名的玛莎百货成立于 1884 年，它在采用以设计为中心的组织原则时困难重重并不令人感到奇怪。

事实上，从总体来看，相关的统计数据是令人沮丧的。克服组织惰性和改变"我们在这里就是这么做的"之类的观念需要时间、信念、强有力的领导（或许还需要领导层的转变），以及多次"濒死体验"。事实上，许多变革要么彻底失败，要么只是部分成功。亨利论坛（Henley Forum）和其他组织开展的研究一再表明，只有不到 30% 的变革被认为是成功的。一次又一次，大型企业，也就是那些管理有方、业务范围覆盖全球或某国、内部业务流程完善的企业，一旦宣布立志变革，后来大多一败涂地。

以微软为例，该公司努力将其 Vista 和 Windows 8 操作系统背后的富有创新精神的用户友好型设计愿景转变为消费者真正喜欢且企业愿意采用的产品。再看看媒体巨头新闻集团（News Corporation），该公司 2005 年斥资 5.8 亿美元收购了 My Space，旨在实现宏伟的数字化转型愿景，但最终以 3 400 万美元的价格将其出售。

所有这些例子都强调了一个事实，在成为以设计为中心的企业的过程中所面临的组织层面的挑战不应被轻视。本书不会详细阐述如何更好地克服组织惰性和人们对变革的抵制，关于这个主题的图书和学术论文不计其数，而且仍在不断地增加。

不过，许多人都会提到哈佛商学院的约翰·科特（John Kotter）的著作及其富有影响力的思想，尤其是 1996 年出版的《领导变革》（*Leading Change*）一书所述的八步模型。在 1995 年发表在《哈佛商业评论》（*Harvard Business Review*）上的文章《领导变革：为什么转型努力会失败》（*Leading Change:Why Transformation Efforts Fail*）的基础上，《领导变革》一书为管理者提供了讨论、描述和实现变革的全新语言。

从本质上讲，科特的八步模型做了两件事。首先，它概述了发生重大变革时所要经历的一系列必要的步骤；其次，它将这些步骤按优先级做了排序。在一个想要实现重大且可持续的变革的组织看来，这一模型的优势在于，从表面上看，它几乎就是一张检查表。科特在 2014 年对八步模型做了些许修改，但不可否认的是，该模型经受住了时间的考验。虽然还有其他实现组织变革的方法，但科特的八步模型是一个很好的起点。

1. 增强紧迫感。

2. 创建指导团队。

3. 建立愿景。

4. 传达愿景。

5. 赋能他人，使其按照愿景行动。

6. 创造短期的"胜利"。

7. 巩固改进，再接再厉。

8. 将新方法制度化或"锚定"。

正如第 6 章将要提到的，科特的变革管理模型只是众多模型中的一个。但是，对一个想要越来越以设计为中心但不知道如何实现这一点（最重要的是，使组织及其商业模式发生持久的改变）的企业来说，科特的模型和其他变革管理模型有力地强调了这样一个事实：仅仅劝导是不够的，实现变革需要的不仅仅是 CEO 的一份备忘录。

产品生命周期管理

正如我们所看到的，构建以设计为中心的企业的一种方法是使用 4C 模型，它提供了实现产品设计与供应链的最佳匹配所需的指导性的组织原则。4C 模型涉及的四个关键因素如下：

- 扩大企业内的合作;

- 并行设计团队协同合作;

- 跨部门多学科小组;

- 产品牵头人组织对话。

一种称为产品生命周期管理（Product Lifecycle Management，PLM）的技术旨在帮助企业完成上述前三项工作，具体方式是 PLM 系统将所有的相关人员联系起来，以便将产品推向市场并协调他们的活动。这一方式与企业资源规划（Enterprise Resource Planning，ERP）系统处理从订单到发票的整个流程的方式大致相同。

在这样做的时候，有些人可能会认为 PLM 完成了 4C 模型中的第四项工作——产品牵头人组织对话。这种观点是错误的，虽然它的确有助于解释这样一种现象：企业已经引入了 PLM，但仍然看不到企业向以设计为中心的方向转变。

PLM 的作用不是取代产品牵头人，而是为产品牵头人提供一个强大的工具库，以便更有效地协调和安排工作。值得强调的是，PLM 也可以被认为是一种尽可能利用在同一地点办公这一优势的工具，但各团队实际上不必真的在同一地点办公。换句话说，PLM 的目标是通过虚拟在同一地点办公，而不是实际上在同一地点办公，来帮助企业实现向以设计为中心的转变。

简而言之，PLM 系统从以下三个关键方面助力于即将实现以设计为中心的企业：

- **PLM 系统简化了工作流程**，以 CAD 衍生的产品设计或组件设计为起点，然后构建产品或组件的数据和属性（如材料规格、性能要求、颜色、等级等）的复杂集合。这种基于供应链的特定数据在进行采购或包装设计时是必需的。因此，PLM 可以被视为 CAD 和产品数据管理的结合体，即使这两个流程发生在不同的物理位置。

- **PLM 系统可以充当企业所有产品和组件的单一数据来源，即数据仓库。**如果相关团队不能在同一地点办公，这将有助于克服距离带来的障碍。设计部门可以很轻松地访问和重用其他部门的设计方案。例如，设计新汽车或家用电器的设计师不仅可以快速调用和重用已经存在的组件进行 CAD 绘图，还可以根据规格和属性调用相关的产品数据。

- **PLM 系统具备获取和集成整个供应链中与产品质量和性能相关的数据的功能。**例如，企业可以获取来自现场服务技术人员、供应商、客户和工厂车间的报告，以帮助自身从供应链和其他企业中获取数据并采取行动。此外，PLM 系统具备区分项目优先级和驱动项目改进的功能，还能运用数据分析技术将新发现的故障与针对以往故障所采取的纠正措施整合起来，即有效地重用过去的知识，提高工程师的工作效率。

案例研究：通用汽车

1997 年，通用汽车估计，至少要花 48 个月的时间才能将一款新车型推向市场。在这 4 年中，花在设计、开发和原型制作上的钱越来越多，但还无法通过汽车销售获得任何收入。但是，其他汽车制造商的速度更快。

"当时，行业平均周期为 36 ~ 40 个月，我们没有足够的竞争力。"通用汽车全球产品开发流程信息系统和服务总监黛安·吉尔根斯（Diane Jurgens）在 2005 年指出。

结果，其竞争对手不仅能更快地收回花在新车型上的投资，还能更灵活地掌握市场趋势。当一款新车能够满足消费者的期望时，市场中最早上市的几款新车型的利润率最高；后来者必须提供折扣，以夺回失去的市场份额。

通用汽车意识到自己必须做点什么，于是它改变了开发新车型的方式。比较特别的是，不仅产品开发流程的不同环节使用不同的系统，而且对于相同的任务，通用汽车内部也会使用不同的系统。例如，有一点很值得注意，通用汽车所使用的 CAD 系统不少于 24 种。

这种多样性阻碍了效率的提高。例如，由于规模经济效应，在沃克斯豪尔（Vauxhall）汽车上使用的部件可能可以在新的庞蒂亚克（Pontiac）或别克（Buick）上重用，这种重用不仅能降低开发成本，还能缩短开发时间。然而，在不同的系统中做到这一点非常困难。因此，通用汽车决定将一套通用设计工具标准化。

吉尔根斯说："通过统一 CAD 系统、产品数据管理系统和可视化工具，我们可以更轻松地共享信息，更有效地协作。"与供应链合作伙伴和供应商的合作变得更高效了，因为它们不再需要运行多个系统来与通用汽车的不同部门合作。

另一项决策大大增强了这种协作能力，即引入 PLM 系统。通用汽车使用了 UGS 公司（现为西门子的一部分）开发的一个名为 Teamcenter 的技术解决方案。UGS 公司是一家提供 CAD 制图软件和产品数据管理软件服务的供应商。简而言之，PLM 系统可以帮助通用汽车将其设计和开发流程作为一个连贯的整体来管理，而不是作为一组不同的任务来管理。从理论上说，对一个整体进行管理可以降低开发成本，缩短开发周期。

这在实践中得到了充分的证明。吉尔根斯说，以前一款新车型的开发周期长达 48 个月，而到了 2005 年，开发一款新车型仅需 18 个月，而且在某些情况下，已经缩短到了 12 个月。该公司的开发流程变得更有成效了，新车型的产量比以前增加了 33%。

例如，2004 年，通用汽车在全球推出了比以往任何时候都多的新产品——48 辆汽车和 13 套动力系统，而且其中大约 24% 是 2004 年的新车型。也就是说，通用汽车每售出 4 辆汽车，其中就有 1 辆是 2004 年的新车型。

吉尔根斯指出："PLM 系统帮助公司节省了大约 10 亿美元的开发成本，以及超过 7 500 万美元的可测量的材料成本。"

检查清单：设计专业人员要回答的问题

☐ 您所在的企业的供应链需要哪些方面的改变？为什么？

☐ 在您看来，您所在的企业应该采用哪些以设计为中心的战略（如可制造性设计等）？

☐ 您所在的企业是否正在采用这些战略？如果没有，为什么？

☐ 您所在的设计部门在哪些方面（如产品成本和开发周期等）做了权衡？

☐ 如果设计部门能够与一级供应商无缝协作，您认为您所在的企业有可能达到什么目标？

检查清单：供应链专业人员要回答的问题

☐ 如果您可以改变设计部门的运营方式，那么这些改变会是什么？

☐ 在您看来，您所在的企业应该采用哪些以设计为中心的战略（如可制造性设计等）？

☐ 您所在的企业是否正在采用这些战略？如果没有，为什么？

☐ 是什么在阻止您所在的企业效仿 Zara 的商业模式？

☐ 您所在的企业是否正在使用 PLM 系统？如果是，那么供应链部门是如何利用它的？

PRODUCT DESIGN AND
THE SUPPLY CHAIN
Competing Through Design

第 3 章
产品设计与供应链风险

供应链中存在着一些风险，尤其是成本、供应的复杂性和连续性方面的风险。设计决策可能会对这些风险产生重大影响，因为无约束设计流程会使企业面临供应链中断、额外成本产生、库存持有量增加及技术问题。

本章探讨了许多风险，主要包括与供应商相关的风险、与技术相关的风险、与部件或材料相关的风险、与设计相关的风险及与复杂性相关的风险；并概述了设计部门与供应链部门更好地合作以减少这些风险的方法。

来自供应链弹性和复杂性的教训

2011 年 3 月 11 日，日本东北部发生了里氏 9.0 级地震。房屋、学校、工厂、电线、道路和通信线路遭到了严重的破坏。更糟糕的是，地震引发了海啸，一连串的海浪把人、车辆和建筑物卷了起来，并把它们抛向内陆，对日本造成了巨大的破坏，导致超过 2.5 万名日本公民失踪或死亡。

在短短数小时之内，丰田、铃木（Suzuki）和日产（Nissan）等日本汽车制造商精心打造的供应链就受到了零部件短缺的冲击。

在之后的一段日子里，零部件短缺的情况进一步蔓延至日本以外的地方，影响了福特、沃尔沃（Volvo）、通用汽车、雷诺（Renault）、克莱斯勒（Chrysler）和标致雪铁龙（PSA Peugeot-Citroën）等汽车制造商。

从电子设备到油漆，从发动机到变速箱，大量的汽车零部件都来自日本及其错综复杂的供应链。更糟糕的是，其中许多汽车制造商的零部件的来源都是单一的，有时候来源不仅仅是一家公司，甚至是这家公司经营的一家工厂。

例如，世界上只有一家工厂生产一种被称为 Xirallic 的金属颜料，这家工厂位于日本沿海城镇小名滨（Onahama），为德国的默克公司（Merck KGaA）所有。该工厂生产的颜料被克莱斯勒、丰田、通用汽车、福特和沃尔沃等不同的汽车制造商使用。

据路透社报道，克莱斯勒被迫限制了 10 种颜色的汽车的生产，其中包括名字很有想象力的"勋章铜""粗犷棕""猎人绿""象牙白"和"钢坯银"等颜色。福特放慢了"燕尾服黑"这种颜色的汽车的生产速度，还推出了 3 种不同的红色，并告诉经销商，它们将无法订购黑色的福特征服者（Ford Expedition）、福特领航员（Ford Navigator）、福特 F-150 皮卡和福特超级皮卡。福特发言人托德·尼森（Todd Nissen）告诉路透社，福特正在研究其他材料，看其是否能产生与 Xirallic 相同的光泽效果；而且，福特正在与默克公司合作，看这种颜料是否能在其他地方生产。不过，默克公司对此并不乐观。其发言人解释说，他们很难将生产转移到另一家工厂，而且客户都期待在 4~8 周内恢复生产。

在这次事件中，工厂于 5 月 8 日才恢复生产，那已经是地震和海啸发生后的第 8 周了。Xirallic 不再只有单一来源。2016 年，灾难发生 5 年后，默克公司的一位发言人告诉路透社，该公司已经在日本和世界上其他地方的仓库里存放了可满足数月生产需求的 Xirallic。此外，该公司于 2012 年在德国开通了第二条生产线。

另一个完全不同的关于产品设计所引发的风险的例子与名列《财富》（*Fortune*）世界 500 强榜单的家电制造商惠而浦公司（以下简称"惠而浦"）有关。2007 年，该公司意识到，为实现持续的采购成本节约而进行的努力受到了一个强大的敌人——复杂性的阻挠。

该公司发现，一部分原因是业务的有机增长引起的设计扩散（Design Proliferation），另一部分原因是由收购其他公司所引发的问题。该公司还发现，采购的大量的零件和材料都是独一无二的，要么对特定的终端产品而言，要么对惠而浦而言。因此，以采购为主导的成本削减难以实现，这让惠而浦苦不堪言。

例如，就开关和水阀等简单零件而言，可采购的零件的数量很容易就可以扩展到数百个。惠而浦的管理层意识到，产品设计师们都习惯性地参考制图板或零件目录，而不习惯复用已经为其他产品采购好的、已经在使用的零件。

然而，从理论上说，加强标准化完全是有可能实现的，因为许多零件和材料非常相似，只是各自有一些次要的特性，这些特性通常不会为产品增加什么价值。越是消除这些次要特性，越能实现更高水平的标准化。例如，洗碗机有 150 种不同的水阀，为了加强标准化，惠而浦希望将水阀的种类减少到 40~50 种。

因此，惠而浦成立了很多个零件架构管理小组，旨在将零件的使用变得更加合理。每个小组由采购、工程、技术和产品设计部门的代表及供应商组成，每个小组有 16 周的时间对其负责的零件进行审查。

这样做的目的不是进行运动式的改善。惠而浦也把文化变革作为目标，包括建立一种对零件扩散提出质疑和挑战的内部文化。通过零件使用合理化实现的短期成本削减只占零件标准化项目的 30%，剩余的 70% 则是良好的设计流程所带来的长期回报。设计流程应有意地抑制零件扩散，并重用既有的零件和材料。零件和材料最好来自可靠和值得信赖的供应商，在最理想的情况下，惠而浦应该已经与这些供应商建立了合作关系。惠而浦负责采购的副总裁斯蒂芬·格伦沃尔德（Stefan Grunwald）在接受记者采访时说："从长远来看，我们的收益来自战略供应商的持续增长、工程设计的变化、零件的标准化、库存的减少、零件和供应商的全球化、产品转换的减少、销售和运营规划流程的改善，以及供应商转向低成本经济体进行采购的做法。显然，我们因此更加强调和重视长期利益。"

他补充说，组织结构变革让人们对零件的复杂性有了深入的认识。尽管不能随意拒绝使用非标准化件（如水阀），但提出使用建议的产品设计人员必须提供"清晰且可获得支持"的理由，说明无法使用标准化零件的原因。罗伯特·鲁德斯基（Robert Rudzki）和罗伯特·特伦特（Robert Trent）报告称："该项目启动时，预期的财务回报是每年节省 10 亿美元的直接材料采购费用。"但这一金额并不包括供应链复杂性降低、为规避成本所做的会计操作、产品质量提升及零件重用所带来的产品开发周期缩短等产生的回报。尽管这些回报很重要，却很难量化。

也就是说，当项目进展到最后阶段时，这种调整能带来好处几乎是毫无疑问的。零件数量减少了 35%，供应商数量减少了 60%，直接成本下降了 7%~10%。水阀的库存数量减少了 72%，供应商数量减少了 50%，直接成本降低了 10%~15%。开关的库存数量减少了 48%，供应商数量减少了 66%，成本下降了 7%~10%。

设计对风险的影响

上述两个案例虽然非常不同，但它们有一条共同的脉络：在产品设计阶段做出的看似微不足道的决策可能会对结果产生很大的影响，尤其是那些可能让企业面临风险的决策。

在汽车设计师选择默克公司的 Xirallic 颜料，好让油漆颜色更吸引客户的案例中，风险在于供应链的中断、销售额的损失、客户的失望及声誉上的损失。在惠而浦的案例中，随着采购杠杆的耗散和库存的增加，风险则与 SKU 或零件扩散相关。这些风险并非无关紧要。注意，惠而浦预计每年可以在直接材料上节省 10 亿美元，这 10 亿美元是在受到多个产品设计决策的影响下，经过多年逐步积累下来的。

对企业和个人来说，风险都是不可避免的。因此，当我们说"某些决策使企业暴露于风险之中"时，并不是说没有风险的情况会被有风险的情况所取代。相反，这句的意思是，特定的决策可以减少企业所面临的风险，而不是增加这些风险。

换句话说，好的产品设计决策可以减少企业所面临的风险，而坏的产品设计决策则会增加企业所面临的风险。

这可不是什么文字游戏。相反，它为我们提供了一种以不同的方式来评估产品设计的方法：产品设计师不仅要设计出具有创造力和吸引力的产品，而且要以减少企业所面临的风险为目标来设计产品。

风险的来源

那么，这些风险是什么呢？有些我们已经知道了，但没有任何一份风险清单能足够详细地列出所有的风险。例如，不管以什么标准来衡量，任何人都会认为海啸发生的概率相当低。从广义上讲，可能会受到产品设计决策影响的、与供应链相关的风险可以分为以下五种：

- 与供应商相关的风险；
- 与技术相关的风险；
- 与零件或材料相关的风险；
- 与设计相关的风险；
- 与复杂性相关的风险。

下面依次介绍每一种风险。

与供应商相关的风险

与供应商相关的风险的广泛性是众所周知的，大多数采购部门都建立了内部机制来评估和减少与供应商相关的风险。这些机制包括：建立供应商资格认证程序；审计与风险相关的关键绩效指标，使与供应商相关的风险最小化；将双源采购和应急库存作为保险措施，以保证实际发生风险时业务运营不受影响。

例如，与特定的供应商合作可能会使企业面临该供应商内部质量控制不佳的风险、财务失控的风险、计划和排程不佳导致物料延迟供应的风险，以及发生火灾或罢工等事件的风险。此外，选择供应商往往会带来与供应商所在地相关的风险，如社会稳定性、物流基础设施的可靠性和质量及自然灾害等。

Zara的做法具有借鉴意义。正如我们所看到的，与从远东地区采购相比，本地制造有助于增强企业的敏捷性和响应能力。但这通常也意味着，企业要与它更了解的供应商打交道（因为它们在地理上更接近）。这些供应商发生物流问题（如港口罢工、运输延误等）的可能性更小。此外，虽然与本地供应商打交道可能可以使企业更快、更轻松地从不利事件中恢复，但实际上，供应商在本地这一事实对解决财务失控、火灾或质量问题几乎没有帮助。

与技术相关的风险

在做设计决策时，产品设计师要明确地选择零件、材料、产品形式和功能。但这些明确的选择也包含了与技术相关的隐性选择：既包含正在设计的产品所包含的技术，以及制造该产品所需的技术，也包含构成该产品的零件和材料所包含的技术，以及制造这些零件和材料所需的技术。

有时，这些技术选择是基于成本做出的。例如，尽管最终结果大致相同，但技术A比技术B便宜。有时，技术选择是基于功能或能力做出的。例如，通过使用技术A，产品可以拥有某个额外的功能或者完成某个额外的任务。有时，营销或美学价值方面的考量也会影响技术选择。有时，技术选择是基于性能做出的，如可靠性、寿命、重量或其他特性。

问题在于，技术选择也会使企业面临风险，尤其当这些技术很新且超越现实经验或内部能力的时候。

例如，2016 年年底，电子产品巨头三星被迫永久停止刚刚发布两个月的 Galaxy Note 7 手机的生产。

原因是这些手机有过热的倾向，甚至会达到着火的温度。为了在下一代机型上击败苹果，三星匆忙开发了这款由锂离子电池供电的手机。来自另外一家供应商的替换电池排除了导致原始电池过热的故障，但会发生具有相同影响的另外一种故障。

有时，技术风险遍及整个行业。例如，在 20 世纪 90 年代末，电子产品制造商渴望提升其在可持续发展方面的声誉，它们开始将无铅焊料引入电路板的制造。从制造的角度来看，这项技术导致了低产出并在初期产生了不少问题；不过，制造工程师们逐渐习惯了使用这项新技术。但是，更糟糕的事情发生了。事实证明，随着时间的推移，无铅焊料会生长"锡胡须"——像头发一样的突起，它们由锡构成，可能导致短路。

到了 2005 年，《军事与航空航天电子》（*Military & Aerospace Electronics*）总编辑约翰·凯勒（John Keller）警告说，无铅焊料已经成为"即将失事的火车"，并指出了它在越来越多的、引人注目的故障中所扮演的角色。

与部件或材料相关的风险

有时，风险与特定零件或材料所使用的技术无关，而与其他属性有关，通常涉及其供应链或制造特点。

例如，供应链风险可能包括：难以获得的、具有非标准规格或特殊规格的材料；偶尔会出现短缺或价格剧烈波动的材料，如稀土；来自世界上易受社会不稳定或自然灾害影响的地区的材料。

例如，2011 年秋季，泰国遭遇了 50 年来最严重的洪灾。洪水同时袭

击了泰国国内 7 个最大的工业区，导致工厂产量下降了 36%。在该国的空銮
（Khlong Luang）工业区，工厂地板泡在 2 米深的脏水里长达数周。在园区内运
营的工厂有 227 家，但只有 15% 的工厂在 6 个月后恢复了生产。全世界规模
最大的 2 家计算机硬盘制造商希捷（Seagate）和西部数据（Western Digital）都
在泰国设有工厂。西部数据称，其 60% 的硬盘驱动器都是在泰国生产的。

"周末期间，身穿亮橙色救生衣的工人们从西部数据工厂的顶层抢救出
了他们能抢救出来的东西。这家工厂生产了全世界四分之一的滑片（硬盘的
部件之一）。一楼就像一个水族馆，装货区则成了鱼类的家园。"

最后再看看与制造特点相关的风险。与特定材料或产品相关的规格有可
能导致制造商只能以有限的数量或在固定的周期生产这些材料或产品。在缺
货的情况下，它们可能会实行配给制或配额制，市场可提供的替代库存有
限。由于规格或属性特殊，某些零件或材料只能订购，而且很久之后才能
到货。

与设计相关的风险

与设计相关的风险不仅仅潜伏在供应链中，有时这些风险还会与设计流
程结合起来，从而持续影响供应链。换句话说，设计失误及设计流程都会对
供应链产生影响。

回顾一下前文提到的空中客车 A380 的例子。空中客车在供应链上的混
乱是毋庸置疑的，因为它试图将内置线路过短的飞机组件拼装在一起。但
是，导致这些困难的主要原因不是供应链，也不是前文讨论过的那些问题，
而是不合理的设计流程（广泛分布在不同机构内的不同设计小组使用不同的
CAD 系统）和一个跨国界的制造流程。

幸运的是，这种情况相对少见，更常见的是设计在供应链中的传播方式

所带来的与设计相关的风险。想一想，一家拥有 3D CAD 系统的公司能够做出漂亮、精确的数字设计，并且能够使用必要的模拟和建模工具对这些设计进行接近实时的虚拟测试。

到目前为止，一切都很好。但是，一级、二级和三级供应商能够理解这些设计并利用它们开展工作吗？如果它们处于还在使用落后技术的欠发达地区，或者纸面设计长期占据主导地位的行业，那么结果会怎样？

结果恐怕不足为奇：数字设计在供应链中层层传递，最终到了无法理解和解释的地步，由此引发混乱的可怕故事比比皆是。例如，有些设计方案被打印出来并传真出去；有些设计方案被打印出来，然后通过邮件或快递发出，最后由收到的企业用自己的技术和惯例重新绘制。其结果必然是延迟和错误——传递和转换设计时的延迟，以及转换出现缺陷时造成的错误。

在一些行业，传统和文化使这个问题变得更加严重。一位工程学专业的大学毕业生可轻松地使用高科技的 CAD 设计工具；不难想象，对时装设计师来说，这很可能是一件难事，因为他们早已习惯了用优美的线条在纸上描绘苗条的身材。当然，优美的"概念"图纸是一回事；详细的尺寸和样式图纸、裁剪和缝纫说明及不同规格的图案和纽扣的位置说明则完全是另外一回事。即便如此，这些图纸和说明也必须以某种方式传递给供应链。当然，在这个过程中总是会出现延迟和错误。

例如，达特茅斯学院（Dartmouth College）塔克商学院（Tuck School of Business）的埃里克·约翰逊（Eric Johnson）描述了一家美国百货零售商迪拉德（Dillard）及其供应链的情况。

迪拉德员工的职责是每天发 300~500 份传真。每设计 6 000 多个款式，就要发送一份 12 页的传真，包括材料清单、草图、裁剪和缝纫说明。到了紧要关头，设计团队中的其他人会通过电话或电子邮件对传真的内容进行更改，这引发了混乱和错误。

这个系统存在的问题是显而易见的，不是所有的供应商都能同样熟练地发现错误或针对他们不理解的地方提出问题。此外，对远在半个地球之外的供应商来说，时差也会成为阻碍，这进一步推迟了这些问题的解决。另外，我们有理由认为，新供应商通常不像历史悠久、久经考验的老供应商那样善于与企业合作。当然，学习曲线会不可避免地存在。

想想与供应链沟通不畅的后果：产品发布时间推迟，量产时间延后，报废成本更高，沟通成本更高，生产效率更低。再看看 Zara，它巧妙地避开了与不熟悉或地理位置偏远的供应商合作时可能涉及的一系列问题，因为它高度依赖于近在咫尺、久经考验的供应商。

与复杂性相关的风险

这还不是所有的风险，让我们再看看惠而浦的零件架构管理项目所体现的那种风险。设计师很容易就能构思出另一种颜色的面料，或对现有零件稍作优化的零件。但是，这需要创建一个全新的 SKU。更糟糕的是，这个 SKU 可能是从新供应商那里采购的。

其结果当然是复杂性提高了。2 个 SKU，而不是 1 个；20 个 SKU，而不是 10 个；100 个 SKU，而不是 50 个。每个 SKU 都需要采购、储存、投保、定位、拣选、统计和管理。

更糟糕的是，零件扩散会侵蚀规模经济效益，零件制造批量从大变小。需要 2 个注塑模具，而不是 1 个。原本供应商可以使用的杠杆消失了。

从库存持有量的角度来看，通过低方差的需求集合来平滑使用量的统计波动的机会变少了，这导致安全库存数量高于必要水平，弹性和响应能力低于最佳水平。

综合所有这些缺点，风险就很明显了：更高的库存水平，更高的成本，更高的原材料和零件价格，更多的实物储存和更低的响应能力。因此，企业自然会对规避此类风险产生兴趣。所以，惠而浦下决心，不仅要消除现有的零件扩散，还要努力防止这种扩散在未来发生。

当然，供应链专业人员是了解与复杂性相关的风险的。从许多方面来说，应对复杂性风险正是库存管理的入门课，供应链管理其他方面的内容正是在此基础上建立的。但是，设计人员通常不理解这些风险；更糟糕的是，设计人员理解这些风险，但把它们视为应该由别人解决的问题。

降低设计风险的策略

那么，如何降低设计风险呢？主要的困难在于工作中存在着明显的紧张关系。从本质上讲，产品设计涉及创新，它促使设计师去探索各种可能性。与第 1 章中介绍的任何一家以设计为中心的公司的设计师交谈，我们就会发现"设计就是创新"的观点几乎人尽皆知。这些设计师会说，创新就是他们的工作，即设计出与以往不同的产品、外观、颜色和内部运行方式。

当然，设计师们说的没错。几乎没有人会认为创新设计是不好的，或者创新不及广泛的设计重用重要，不及基于过去的设计做未来设计重要。要想知道没有创新设计的世界是怎样的，只需要看看苏联时期的印度斯坦大使（Hindustan Ambassador）轿车，该轿车以 20 世纪 50 年代的莫里斯 – 牛津汽车为原型，从 1958 年到 2014 年，几乎没有发生什么变化。

因此，毫无疑问，设计和设计师必须具有创新性。不过，与此同时，设计和设计师也不能没有任何约束。正如我们已经看到的，无约束设计忽略了常识性现实、风险和成本对供应链的影响，将创新设计置于一切之上。在本书中，我们认可并提倡约束设计。它将现实、风险和成本的影响考虑进来，做出明智的决策和妥协，从而在无约束的创新与受到全面约束的、由供应链主导的设计流程之间达成了一种平衡。

没有人说传统的降低设计风险的方法是错误的，尽管本书的确强调了使用这些方法是有代价的。这些方法只是对一系列风险的反应，而这些风险本身就是有代价的。因此，尽管要付出代价，但双源采购、备用库存、加急运输、备用"应急"采购等都是明智的策略。

尽管如此，值得强调的是，这些策略本身并不能降低风险。但是，在事情出错或设计风险导致供应链中断时，它们仍是锦囊妙计。不过，这些策略只是处理了风险所带来的结果，并不能消除风险本身。

因此，本书认为这些策略只是次优方案。尽一切可能寻求备用库存、加急运输和双源采购只是短期的权宜之计。应对设计风险的最佳措施是通过更好的设计排除风险，而不是建立安全网。

通过协作降低风险

然而，这是如何实现的呢？一个关键的问题是，产品设计师往往不会考虑风险。通常情况下，他们都以一种不受约束的方式开展工作，并且完全无视供应链风险；或者以一种有约束的方式开展工作，但不认为供应链风险是他们应该考虑的约束之一。

因此，公司显然要对设计师进行训练。不同的公司倾向于采用不同的方式来解决这个问题，而大多数公司似乎都依赖于某种形式的"渗透式教育"，也就是让设计师通过与同行的反复互动逐渐了解，某些供应商面临的风险比其他供应商小，以及如何从风险评估的角度来估计潜在的设计特性。

就像我们在第 2 章中看到的，到目前为止，更好的方法是建立一个真正的协同和一体化的设计流程。在这个流程中，产品设计师与供应商携手合作，在一开始就会考虑设计决策的风险，而不是在后期被迫地管理风险，从而延迟产品上市时间，并推迟产品的发布时间。

一些作者使用"融合"一词来描述这一点，即产品设计师和供应链部门的同事在设计工作中协作。正如我们在第 2 章中看到的，这种协作克服了由物理距离和组织架构所带来的沟通困难，并建立了一个虚拟的跨部门设计团队，对设计的有效性和供应链运作产生了巨大的影响。

这种协作也对风险产生了巨大的影响，正如我们即将看到的，风险评估已经成为流程中的一个明确的部分。尤其有趣的是，产品设计与供应链之间的对话会影响一些不太明显的、与设计相关的供应链风险。

换句话说，协作性的对话不仅有助于避免从有地理位置缺陷（例如，易受洪水影响）的工厂采购特殊零件的风险，而且有助于解决产品可能推迟上市、过度复杂、包含过时技术或稀缺材料的风险。更有意义的是，产品设计部门与供应链部门之间的紧密合作不仅仅是为了发现和降低风险，更是为了主动地运作，以构建一个不太可能出现风险的设计流程，不管面临的是延迟上市的风险，还是我们讨论过的其他任何与供应链或设计相关的风险。

简·墨菲（Jean Murphy）在一篇发人深省的文章中介绍了几家以设计为中心的领先公司的经验。

这些公司明白了如何同时推动与供应商合作伙伴、供应链和工程团队的整合和协作，使之成为一个真正的联合开发团队，从而能够快速地推出创新产品。

摩托罗拉运输配送和物流解决方案高级总监杰里·麦克纳尼（Jerry McNerney）的观点如下。

在今天的环境中，如果你没有让你的供应链团队成为产品开发和生命周期管理的充分参与者，那么你将处于非常不利的地位。

思科同时利用价值流和产品设计原则的方式是在设计阶段进行权衡，以更快地对市场做出反应。因此，降低风险的方案既由设计特点所决定，也由供应链特性所决定。

数字化协作

正如第2章所指出的，PLM和数字设计在加快产品上市速度方面发挥了很大的作用，而且在一定程度上有助于减少设计错误，也会对风险产生影响。如果这些数字设计只在企业内部使用，那么它们对供应链风险的影响就是相对有限的。正如前文提到的，数字设计在依赖纸张、邮件和传真的通信链中传递速度较慢，而且更容易出错。对此，埃里克·约翰逊写了下面这段话。

在丽诗加邦（Liz Claiborne），通过数字设计工具把数以百计的用户转移到网络上的组织变革是痛苦的。经过5年的努力，他们把设计时间缩短了50%。然而，该公司意识到，他们的供应商有的缺乏技术理解能力，有的采用了不同的设计系统，因此无法从数字设计中获益。

早期扩展数字化数据链的尝试必然是笨拙的。在个人生活中，我们中的许多人都会回想起过去在传输和交换软盘中的数据、使用USB便携式驱动器、收到超过邮箱限制的电子邮件附件和无法读取的文件时的困难。

云存储的出现改变了这一切。从 Google Drive、OneDrive 和 Dropbox 等基于云的存储服务，到基于云的协作工具以及 Facebook、Twitter 和 YouTube 等社交媒体，我们现在都通过云交换信息。云犹如单一的、安全的、稳定的存储库，我们每个人都可以通过网络（如 Mozilla Firefox、Google Chrome 或 Internet Explorer 等浏览器）或专门的应用程序与之交互。

供应链中的数据也是如此。基于云（或基于 Web）的供应链管理和数据交换协作平台极大地简化了数据在供应链中的传输流程，在增强其健壮性和准确性的同时加快了传输速度。

此外，这些服务不仅可以作为设计通信中心，还提供了一种找到供应商，并安全地、数字化地与供应商就订单更新和设计变更进行沟通的方法。就像其他的技术一样，为了接纳云平台，不断演化和供应商整合的过程是不可避免的。不过，在撰写本书时，诸如 E2open、Kinaxis 和 GT Nexus 之类的服务供应商及许多更专业的供应商主导着该领域。对于渴望加快产品上市速度和简化供应链的企业来说，基于云的协作平台可以为它们提供很多服务。

将风险最小化的正规方法

下面看看正规的管理技术（特别是阶段关卡评审及失效模式与效应分析）到底是如何降低与设计相关的供应链风险的。与第 2 章中有关变革管理模型的讨论一样，本章并不打算详尽地描述如何使用这些技术。

阶段关卡评审

阶段关卡评审是一种在新产品开发领域长期使用的技术，由罗伯特·库珀（Robert Cooper）和斯科特·埃杰特（Scott Edgett）在一系列图书和文章中提出，由产品开发研究所（Product Development Institute）和阶段关卡公司（Stage-Gate Inc.）商业化。其基本思想是新产品的开发要定期接受一系列评审，每项评审都必须成功通过，才能进入下一阶段。因此，其目的是在开发的早期阶段消灭"失败者"，腾出开发和设计资源，以便将资源投入"胜利者"或对全新概念的研究中。否则，许多公司会发现，项目一旦启动，就会不可阻挡地进行下去，直到最终完成，即使它们很可能会失败。

通常，在前期的评审中，要使用正规的方法确保真正的市场需求确实存在，并且预期的产品能够满足这些市场需求；在后期的评审中，要确保目标价格和目标成本可以达到，当初确定的市场需求仍然存在，竞争者的行动并没有对项目的基础产生实质性的影响，并且产品的测试和发布计划已经经过深思熟虑。其总体结果是设置了一些关卡，项目在真正启动之前必须按顺序通过每一道关卡，各道关卡会通过提供取消整个项目或返回草图绘制阶段等选项来完善设计。

很明显，阶段关卡评审有助于降低风险，它迫使管理层在产品开发的每个重要阶段明确影响清单，确保产品开发遵循适当的流程，以及新的产品开发项目的投资仍然可以获得合理的回报。

但关键是，通过将风险评估和缓解作为设计和设计审查流程的正式组成部分，阶段关卡评审还可以把降低风险推进到第二个层次。换句话说，作为项目必须进行的正式评审流程的一部分，风险必须被明确识别，并且风险消除策略必须落实到位。稍加思考就会发现，这个流程对处理我们在本章中讨论过的许多风险来说是非常实用的。供应商在哪里？存在哪些双源采购机会？如何传达设计？现有的零件是否被尽可能地复用？企业必须明确地提出问题，并且必须在开发项目启动之前给出令人满意的答案。

事实上，一些专家主张把降低风险推进到第三个层次，也就是在评审流程的后期有意识地重新评估这些风险，以确保在评审流程的早期确定的风险感知和缓解策略仍然有效。对此，克兰菲尔德大学管理学院的创新和新产品开发教授基思·戈芬（Keith Goffin）写了下面这段话。

随着项目的推进，其面临的风险也在变化。你越早掌握这些风险，就能越早放弃那些不再符合既定风险标准的项目。

失效模式与效应分析

失效模式与效应分析（Failure Mode and Effect Analysis，FMEA）是美国军方在 20 世纪 40 年代开发的一项技术。正如马丁·克里斯托弗所指出的，尽管 FMEA 经常与日本提倡的全面质量管理联系在一起，但它特别适用于供应链风险管理。其基本原则是，组织不可能投入足够多的资源来缓解所有的风险，因此组织需要一些方法来确定风险缓解措施的优先级。

首先，组织必须识别相关的风险并了解其后果。正如克里斯托弗所说，这涉及以下三个问题。

- 会发生什么问题？
- 这次失效会有什么影响？
- 这次失效的主要原因是什么？

其次，组织必须优先考虑这些风险及其缓解措施。从逻辑上讲，风险缓解措施的优先级是基于以下三点确定的。

- 某种特定风险确实发生所产生的后果的严重性。

- 发生这种风险的可能性。

- 早期识别这种风险的可能性，以及可以迅速采取补救措施的可能性。

在相关文献及经典的工程应用中，FMEA 通常以表格或电子表单的形式出现。但是，自从 FMEA 被应用于供应链管理以来，就常常以一种简化的、二维的形式出现，并且仅使用这些优先级划分标准中的前两个——风险发生所产生的后果的严重性或影响及该风险发生的可能性。然后，就可以在图表或四象限框（更常见）中绘制风险矩阵，其中竖轴表示影响，横轴表示可能性，如图 3.1 所示。

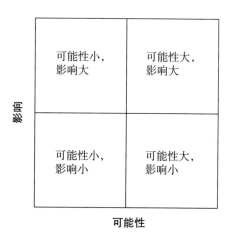

图 3.1　简化的 FMEA 风险矩阵

但是，不一定要划分为 4 个象限，也可以划分为 9 个象限（横、竖轴均划分为小、中、大）或 25 个象限（横、竖轴均划分为极小、小、中、大、极大）。

因此，一旦确定了风险，FMEA 就能为评估和缓解风险提供一个非常有用的框架。至少，它可以迫使管理层估计风险发生的可能性，评估其后果的严重性，并列出一份按优先级排好的缓解策略清单。正如美国田纳西大学（University of Tennessee）的保罗·迪特曼（Paul Dittmann）在一篇论文中指出的那样，在供应链环境中，这种方法非常有效。

FMEA 迫使管理层确定哪些风险需要缓解策略，哪些风险的影响太小或不太需要缓解策略。鉴于风险分析具有主观成分，所以达成共识是至关重要的。FMEA 的作用在于，企业可将其作为一个框架，用于与供应链团队讨论风险应对策略。

那么，这一切在实践中是如何发挥作用的呢？如果想了解阶段关卡评审和 FMEA 如何发挥作用，我们可以再次看看玛莎百货。在第 2 章中，我们研究了这家英国标志性零售商的销售额和利润在 20 世纪 90 年代末是如何暴跌的，因为它冗长的设计和生产周期越来越将其暴露在更灵活的竞争对手能够规避的风险之中。该公司没有及时察觉全球化的潜力，而且 2003 年冬天的天气与它的预测明显不同。

在采用全球化采购策略的过程中，玛莎百货背离了其传统的采购方式，尤其是采用了一种名为"直接采购"的方式，即采购团队在生产阶段直接与供应商合作。该公司设立了一个业务变革小组，将整个业务中的关键人员和决策者聚集在一起，以便管理将要发生的变革，并确保平稳过渡。这些人实际上是变革的仲裁者，推行任何变革都需要向他们报告，然后他们将根据业务整体状况进行评审。

显然，在满足公司治理要求、针对股东和投资者提高决策透明度方面，进行稳健的风险评估是很重要的。因此，风险评估流程在三个层面——董事会层面、项目群层面和项目层面为这些变革提供了支持，旨在为企业识别以新方式与供应商打交道时所面临的风险提供一个独立的视角。

一系列已被纳入风险理论的项目管理原则被引入，流程中的各个关键阶段都有定期的项目会议，即前文已经提到的阶段关卡，但更关注风险方面。它还使用了一些简单的工具来支持这项工作，包括 3×3 FMEA 风险矩阵和风险登记表，并设计了行动计划模板，以确保在整个业务流程中采用一致的方法。

首先，项目团队通过头脑风暴列出一系列涉及范围较广的风险，这些风险被视为对实现目标构成了威胁，如缺乏资源、流程失效、外部危机或可能错过的机会。接着，在适当的情况下，将类似的风险组合在一起，以识别更多可控的风险，可能总共有 15~25 种。然后，与应用 FMEA 一样，对确定的风险进行评估，以确定风险对实现目标的影响，以及特定事件发生的可能性。

就影响而言，这可以表示为计划期间所确定的主要财务目标的完成率，或者非财务目标，如品牌和声誉损害所导致的销售损失（见图 3.2）。

分数	类型	描述	影响
3	关键的	严重的，难以恢复	超过10%的品牌损害；销售损失
2	主要的	严重的，可以恢复，但是需要付出很大的努力	2%~10%的短期品牌损害
1	可管理的	不需要付出太大的努力就能恢复	品牌损害小于2%；内部管理

图 3.2 影响定义标准

特定事件发生的可能性可以表示为在计划期间事件发生的概率（见图 3.3 ）。

分数	类型	描述	可能性
3	极有可能	预计会在计划期间发生	>50%
2	可能	有可能发生，可能在计划期间发生	10%~50%
1	不太可能	有可能发生，但预计不会在计划期间发生	<10%

图 3.3　可能性定义标准

然后，绘制一个 3×3FMEA 风险矩阵，并将每种风险放在矩阵中适当的象限里。风险特征从"极小"（不太可能发生，可管理的结果）到"大"（可能发生，关键的结果，或极有可能发生，主要的结果）到"极大"（极有可能发生，关键的结果），如图 3.4 所示。

最后，通过计算风险值（将影响和可能性的得分相乘得出）将风险的优先级分为 1（即 1×1）~9（即 3×3）。为了方便起见，这些分数被分为大、中、小 3 个级别，那些分数为 6 或 9（即"大"或"关键的"）的风险将得到最高优先级的关注。

可以说，玛莎百货的做法的一个可取之处是确保供应链风险管理成为一个基本流程。通过认识到风险在整个项目生命周期中的不断演化，将正式的风险评估作为一个连续的流程，这正是风险管理的关键所在，它确保了定期的评审和进度跟踪。内部审计则确保了将风险降低到协商一致的适当标准。

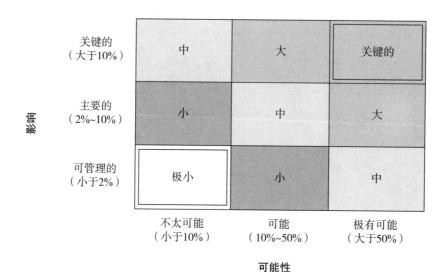

图 3.4　3×3 FMEA 风险矩阵

检查清单：设计专业人员要回答的问题

☐ 哪些供应链风险影响了您所在企业的业务？不同的设计决策会产生不同的影响吗？如果会，如何影响？

☐ 有意识的风险规避是您所在企业的定期设计评审和工作流程的一部分吗？

☐ 对于指定的零件、组件和材料，您是否知道其生产地点？

☐ 您能运用数字化手段与您所在企业的所有直接材料供应商交流吗？如果不能，比例是多少？

☐ 如果您与供应链部门的同事定期开联合会议，那么风险评估是不是会议内容的一部分？

检查清单：供应链专业人员要回答的问题

☐ 您所在的企业是否在新产品投产前定期评估这些新产品设计的供应链风险？如果不是，为什么？

☐ 您是否知道您所在企业的所有一级直接材料的生产地点和入站物流路线？

☐ 您是否与一级供应商讨论过它们使风险最小化的方法？

☐ 更改现有产品的设计会显著降低其设计风险吗？是什么阻止了这些更改的发生？

☐ 您所在的企业能运用数字化手段与所有的供应商进行交流，以交换设计、产品规格和物料清单方面的数据吗？如果不能，比例是多少？

第 4 章
产品设计与敏捷性追求

在企业和供应链中，敏捷性是竞争优势的关键影响因素。但是，在客户需要时，为客户提供他们想要的产品，并让他们以乐于接受的价格付款并不是一件容易的事情。甚至，有时客户可能根本不知道自己想要什么。

本章将介绍产品设计对敏捷性的影响，以及产品设计如何帮助企业与供应商和客户建立更紧密的联系。本章还将探索并行工程发挥的作用，并研究延迟策略如何应对提前准确预测客户需求这一棘手的挑战。

通过虚拟获得成功：波音 777 的开发

波音 777 系列客机脱颖而出的原因有很多。在撰写本书时，也就是波音 777 首次在西雅图北部的埃弗里特（Everett）组装厂上空冲上云霄的大约 25 年后，波音 777 是世界上最大的双引擎飞机，其最畅销的型号为 777-300 ER，一次可搭载近 400 名乘客，飞行 11 860 千米。这是波音公司（Boeing）首架采用电传操纵系统（Fly by Wire）的飞机，也是其最成功的飞机之一。截至 2017 年 3 月，近 2 000 架波音 777 被订购。当时，777-800 和 777-900 两种型号预计于 2020 年投入使用，预计在推出近 50 年后仍可继续飞行。

波音 777 对设计与供应链领域的专家来说极具吸引力。波音 777 不仅是第一架完全由 CAD 技术设计的商用飞机，而且展示了一种基于团队的设计方法——并行工程（Concurrent Engineering），也叫同步工程（Simultaneous Engineering）。波音公司曾经尝试使用这一概念，但这次是真正投入使用。1988 年，波音公司管理层从一开始就决定，其新型客机将采用并行工程进行设计，旨在与空中客车的 A330 和 A340 客机竞争，并取代各大航空公司已经老化的麦克唐纳·道格拉斯（McDonnell Douglas）DC-10 和洛克希德（Lockheed）L-1011"三星"（Tristar）两款飞机。

通过将并行工程与传统的、所谓的"顺序式"设计方法进行对比，我们也许可以更好地理解并行工程。在本书中，我们认为产品首先被构思出来，接着才被设计出来，然后营销人员去看产品设计，而后生产工程师开始研究如何制造它们，接着供应商不得不加速生产部件。最后，制造人员才开始生产产品。

到那时，他们可能会发现产品的零件并不能很好地装配在一起，某些工具需要返工，或者在开发实验室中进行的制造工作未能按预期推进。因此，很多时间被浪费在修修补补上了。即使产品已经生产出来，企业也不能保证它在市场中一定会受到客户的青睐，因为客户没有参与产品的开发和设计，也没有参与产品的构思和市场推广；此外，还可能因为客户的品味不尽相同，或者竞争者推出的更好的产品也进入了市场。

并行工程背后的思想是试图平行推进所有这些步骤。关于某个产品的想法一旦被提出来，就会被移交给一个特殊的项目团队，然后由他们负责推进，直到第一次交付。这个团队包括了实现这一目标所需的来自各个部门的人员，如设计人员、营销人员、生产工艺人员、制造人员和采购人员等。此外，该团队还会征求客户的意见。

因此，与每个部门完成项目的某一部分后再将项目交给另一个部门的模式不同，该团队试图成为一个有凝聚力的整体。在开展设计工作的过程中，营销部门的想法会反馈到设计中，以进一步改进设计。在这一过程中，生产工程师和车间人员开始思考制造产品的最佳方式。他们与设计师合作，整合各自的想法，使产品更容易组装。采购人员和工程师也会与供应商合作，并将各自的想法整合到一起。

此外，这种以团队为基础、并行工作的产品设计方法不仅缩短了将产品推向市场所需的时间，而且优化了产品。因为协同过程提供了改进设计的机会，降低了成本，提高了可制造性，同时增强了设计对客户的吸引力。采用这种方法时，企业可以迅速地做出决策，部门之间的冲突也很容易解决，并且企业可以利用更广泛的信息来源实现对设计流程的输入，同时构建更快、更灵活的设计流程和产品发布流程。

与传统的决裂

波音公司是如何决定将并行工程作为波音 777 的设计基础的呢？通过一

些知情人士——波音商用飞机前 CEO、777 项目副总裁兼总经理艾伦·穆拉利（Alan Mulally，后来任福特总裁兼 CEO）、777 项目首席系统工程师沃尔夫·格伦德（Wolf Glende），以及在该公司工作了 25 年的 777 项目工程总监罗恩·奥斯特罗斯基（Ron Ostrowski）的发言，我们已经得到了答案。

问题很简单，与许多工程主导型企业一样，波音公司已经习惯于告诉客户他们想要什么。这种做法在该公司熟悉的领域非常适用，就像其最畅销的中短程客机波音 737 所展示的那样。但在波音公司开拓新领域时，风险非常大。在波音公司本身的资本仅为 3.72 亿美元的情况下，4 年间的开发成本估计为 12 亿美元，波音公司的老板们以"赌上公司"的方式开发波音 747 这一"巨型喷气式"客机而闻名，因为如果飞机最后没有开发成功，波音公司自己就会崩盘。

随着波音 777 即将推出，波音公司无疑开辟了一番新的天地。波音公司试图用一架从当时已有的波音 767 衍生出来的、并且机身尺寸与之相似的飞机来引起航空公司的兴趣，但这种想法落空了。除了更宽的机身，航空公司还提出了其他较难满足的需求。

在一系列高层会议上，波音公司做出的回应是，它在飞机设计和开发方面的传统做法使其不太可能完成这项工作。于是，波音公司决定与传统彻底决裂，以一种全新的方式设计和制造飞机。

在这个过程中，波音公司管理层无疑考虑到了当初波音 747 的开发情况。当时，波音公司不仅面临着巨大的财务风险，而且要求其以相当快的速度推进开发工作。波音公司在和主要客户泛美航空公司（Pan-American Airways）签署意向书之后，用了不到 3 年时间就推出了原型飞机。

在遭遇超重和动力不足的问题时，747 项目在高峰时期启用了 4 500 名工程师。即便如此，波音公司仍需要给一些顶尖工程人才重新分配设计环节中的紧迫任务以解决超重问题，从而使飞机能够安全地起飞。有经验的观察家认为，这两个问题的部分直接原因在于供应链。发动机制造商普惠公司（Pratt & Whitney）一直在努力实现飞机 4 个 JT-9D 发动机必须达到的推力目标，而泛美航空对这架飞机的雄心造成了飞机超重的问题。其结果是，尽管事实证明波音 747 的最初型号 747-100 足以用于北美地区的航线，但不太适用于远程国际航线。作为权宜之计，不久后波音公司就开始制造波音 747 SP，该机型克服了这一限制，将机身缩短了约 15 米，从而减轻了重量，延长了航程。直到 1971 年，最初的波音 747-200 机型才投入使用，这最终使波音 747 具备了完成远程海上航线所需的航程和有效载荷。波音 747-200 机型广受欢迎，并且已经投入使用多年，它就是波音 747-100 机型本该成为的样子。

倾听客户的意见

首先，波音公司的管理层意识到，要想吸引对麦克唐纳和空中客车现有的宽体客机感到满意的客户，就要多倾听客户的意见，而不是空谈。因此，波音公司付出了前所未有的努力，征求客户的意见。在设计和开发过程中，波音公司不仅了解了客户想要的飞机类型，而且了解了客户想如何使用和维护飞机。"我们必须学会像航空公司一样思考。我们知道如何制造飞机，但不知道如何使用。"777 工程总监奥斯特罗斯基说。

波音公司选出了 8 家技术力量雄厚的航空公司，包括英国航空公司（British Airways）、美国联合航空公司（United Airlines）、日本航空公司（Japan Airlines）和澳洲航空公司（Qantas），并请求与其合作设计和制造新飞机。这是一项很大胆的举措，毕竟这些公司更习惯竞争，而不是合作，因此波音公司雇用了专业的引导师来鼓励大家坦诚地沟通。

　　每家航空公司也负责其代表的地理区域，例如，英国航空公司负责确保将其对欧洲市场的经验和理解反映在设计中。波音公司不希望为了满足欧洲航空公司的需求而不得不重新设计一架原本是北美风格的飞机。

　　共识很快就达成了，但这种共识令人不安。波音公司的意图是将新飞机设计成一架加长版的波音 767，以便重新使用已经开发好的机身。但是，航空公司想要将飞机加宽 25%。要想做到这一点，波音 777 就只能比波音 747 窄约 3 厘米。

　　另一个让波音公司感到惊讶的事实是，航空公司坚持要求确保内部空间的灵活性。在长途飞行中，厨房和厕所通常被当作头等舱、商务舱和经济舱之间的分隔物。这意味着，在飞机订购阶段，波音公司需要确定每架飞机中分配给不同等级的客舱的空间比例。尽管我们知道，飞机在使用 35 年或 10 年后，其实际需求可能会大不相同，那时就需要进行昂贵的半永久性改装。

　　此外，客舱的划分往往会随着航向的不同而发生变动，也会随着时间的推移而发生调整。每一位被迫乘坐经济舱而不是商务舱，或乘坐商务舱而不是头等舱的乘客，都代表了飞机运行寿命内重大的收入损失。需求是显而易见的，但飞机的厕所和厨房都十分坚固，而且与飞机的动力和供水系统相连。不过，对客户来说，这个问题很容易解决：为什么波音公司不设计能在机身上下滑动且自带管道和电力系统的厨房和厕所呢？

　　另一个痛点是服务的便捷性。波音公司在当时推出的最新款机型——加长型波音 747-400 投入使用后，需要额外指派 300 名工程师，以便找出在设计或制造过程中没有发现的缺陷。这样做的理由很明显，一旦投入使用，飞机的盈利能力就是由利用率决定的，并且地面维修的机会成本也很高，更不用说地面维修时间对客户满意度和准时起飞指标的影响了。其目标是，当飞机最终投入商业服务时，它不仅要真正地为服务做好了准备，维护起来也要更容易。

波音公司给了航空公司的代表们一张白纸，让他们在上面绘制理想的客机。除了接受，波音公司别无选择。结果是显而易见的，最初作为拓展波音767 机型的一个项目，现在反而变成了一个需要下巨大赌注的标志性项目。也就是说，世界上最大的双引擎飞机采用了全新的设计，它比波音 767 宽25%，内部空间具有极高的灵活性，还具备前所未有的服务可靠性。据报道，这款客机被写进了给美国联合航空公司的书面承诺中，美国联合航空公司目前已经订购了 34 架该款客机，并且准备再采购 34 架。波音公司面临的问题是：如何应对这一挑战？

新的工作方式

波音公司的第二个战略重点是再次与传统决裂，这次是在其设计部门和组装部门之间的接口方面。它们的做法不是设计一架飞机，然后把设计交给制造部门进行组装，而是两个部门将从一开始就密切合作。

因此，波音公司建立了几百个"设计/制造"团队，由它们全面负责波音 777 的设计工作。与通常负责设计飞机的工程师一起工作的还有装配工人，他们提供关于如何更有效地将各个部件组装在一起的建议，机械师使它们更易于维护，工装专家设计夹具和设备。当然，客户也提供了帮助。

问题在于规模。虽然并行工程并非新事物，但将其应用于这种复杂程度极高的产品的例子却并不多见。波音公司将分配数千人为波音 777 项目工作，飞机本身包含 300 万个部件。并行工程能在这样的规模下顺利运行吗？

最明显的挑战是波音公司的内部文化。很简单，波音公司以前从来没有以这种方式制造过飞机，所以这些团队没有合作过。当然，这是每一个实施并行工程的企业都会遇到的困难，但在等级森严的波音公司中，这个挑战显得尤为突出。波音公司首席工程师亨利·舒姆伯（Henry Shomber）说：
"这可能是我们面临的最大挑战。"自 1958 年加入波音公司以来，舒姆伯领
导了一系列沟通和文化变革项目，力图打破公司 75 年来形成的种种壁垒和
障碍。

　　但是，让不同的团队成员（包括工程师、装配工人、维修人员和客户代
表）在同一个房间里设计飞机部件仅仅是一个开始。显然，考虑到涉及的交
叉参照和咨询的广度，新的流程将变得非常缓慢，但波音公司需要将波音
777 快速推向市场。同样重要的是，每个团队如何确保其设计的部件与其他
团队设计的部件能组装成一架完整的飞机呢？

　　波音公司再次与传统决裂，他们决定放弃传统的、基于制图板的设计方
法，转而采用"数字定义"来设计每一个部件。一旦设计完成，这些部件就
会通过"数字化预组装"（Digital Pre-assembly）技术集成，即首先在计算机
中制造出整架飞机。

　　如今，当仿真技术变得更加普遍时，这一步似乎就显得不再那么具有革
命性了。事实上，鉴于在功能强大的 CAD 工作站上完成的从 2D 设计到 3D
设计的转变，将这些设计以数字部件的形式集成是合乎逻辑的。但这一步对
计算机的运算速度要求很高，而这常常会成为一个障碍。当然，在 20 世纪
90 年代初，这一挑战相对来说大得多。尽管如此，波音公司的管理层还是坚
持认为，波音 777 将是第一架采用 3D 实体技术进行完全的数字化设计，然
后进行数字化预装配的喷气式客机，这就消除了对昂贵的全尺寸实体模型的
需求。

　　因此，波音公司开始在全球范围内寻找最好的技术来实现这一目标，并
在欧洲找到了 CATIA，这是法国达索系统公司开发的一款先进的 CAD 软件。
这使得波音公司能够以百分之百数字化的方式设计飞机，大约有 2 200 台计

算机工作站与据称是当时全世界最大的 IBM 大型机集群相连。

这笔投资物有所值，波音公司首次能够在计算机上"制造"一架飞机，而不需要对一块块金属进行加工。这使波音公司可以确保所有部件都能高效地组装在一起，彼此之间不会干扰（在进行实物 2D 设计装配时，这是一个常见的问题）。同样重要的是，这有助于波音公司满足客户对提高服务质量和可靠性的需求。例如，我们可以模拟制作一个名为"CATIA-MAN"的机械师模型，以证明在现实生活中机械师的身高不足以支持其更换飞机顶部红色导航灯的灯泡。

通过并行工程增强敏捷性

波音 777 的发展史体现了波音公司学到的涉及各个层面的教训。回顾第 2 章中提到的空中客车 A380 遇到的困难，我们会发现，人们并没有吸取以往的所有教训，即使在 30 年后也是如此。然而，最令人惊讶的经验是并行工程在缩短开发周期、提升产品营销和设计质量方面的价值，以及早期以供应商和客户的身份参与供应链运作的优势。它们都需要很长时间才能学会，但从一开始就显得如此具有革命性。即使只掌握最基本的关于关键路径分析、项目规划或业务流程设计的知识，也不难看出并行而不是按顺序执行活动，将会缩短整个周期。

这就是在第 2 章介绍 4C 模型时，我们不仅要讨论工程和设计团队的协作，还要讨论并行工程和设计团队的协作的原因。然而，在现代工业时代的大多数情况下，并行的方式被认为不适用于产品设计。

就像亨利·福特开发的 T 型车或者哈里·弗格森（Harry Ferguson）开发

的 T20 拖拉机一样，主流方法一直是先设计某种产品（通常会对客户想要什么做出笼统的假设），然后把设计交给制造商和供应链。一旦生产出来，营销人员就会试图说服客户购买该产品，尽管它存在一定的不足。对每一款类似福特 T 型车的产品来说，这种工作方式的偶尔失败是不可避免的。福特又一次推出了这种失败的典型代表之———福特埃德塞尔（Ford Edsel），这并不令人感到惊讶。如果说以客户需求的方式结构化地请求和考虑下游供应链的输入相对少见，那么上游的输入（来自供应商）则被认为更具革命性。

追求敏捷性

最终促使企业与传统工作方式决裂的驱动力并不难确定。在 20 世纪的大部分时间里，工业企业一直奉行大规模生产的战略，目的是通过降低产品成本和提升新兴中产阶级的产品负担能力来赢得市场份额。

汽车、家用电器、收音机和电视机，无论什么产品、什么类别，功能和用户可选项与价格和原始功能相比都是次要的。迄今为止，对只能支付得起公共汽车旅行或摩托车费用的家庭而言，购买任何汽车对他们来说都是支付能力的巨大进步。购买家里的第一台冰箱、冰柜或电视机也是进步。丰富的功能不是首要的考虑因素，亨利·福特的一句名言或许能最好地体现这一事实："客户可以选择他们喜欢的任何颜色，只要它是黑色。"

但是，在 20 世纪 40 年代中期以后，这种情况开始渐渐发生改变。到了 20 世纪 70 年代，产品生命周期开始缩短，产品创新开始较少聚焦于原始功能，而更多地聚焦于通过特征集和属性实现差异化。因此，这种变化很好地契合了利用敏捷性开展竞争的战略，企业开始认识到日益富裕的客户不仅想要负担得起的、功能更丰富的耐用消费品和其他产品，而且想要种类更多的产品。这些产品应该可以更快地获得且形式多样，而且有更可靠的可用性保证。

换句话说，客户不再愿意等待库存供应（或按订单生产的产品），而是现在就想要拿到它们。敏捷性（能够快速灵活地应对不断变化的客户需求、品味和时尚）开始取代简单的价格竞争，成了一种商业战略。

李效良这样描述敏捷供应链的特点。

敏捷供应链以快速、灵活、经济和可靠的方式应对不确定性。要想建立敏捷供应链，就必须建立牢固的供应商关系、合理的缓冲库存、适当的产能水平、考虑到延迟因素的产品和流程设计……

从本书的视角及其对产品设计与供应链之间的联系的观点来看，这种敏捷性主要有三个特征。

首先，我们应该设计好产品和业务流程以便能够利用延迟策略，并使其在提高企业和供应链的敏捷性方面发挥作用。稍后，我们将详细地讨论延迟策略，此处只需说明，延迟可以保留尽可能大的弹性，而且不会阻碍产品、制造流程和物流流程的构建，但产品被"冻结"为特定规格或 SKU 的时间点会尽可能接近终端客户产生需求的时间点。

其次，李效良认为牢固的供应商关系有助于提高敏捷性。显然，牢固的供应商关系可以通过改变产量、库存水平和前置时间来建立，从而灵活地满足尽可能多的客户的需求。但是，本书认为，那些牢固的供应商关系也扮演了另一个关键角色：利用供应商对企业自身的核心产品和技术的了解，为设计流程做出贡献，从而增强客户对企业设计的洞察力。

最后，尽管李效良并未明确提及，但是牢固的供应商关系具有与之对应的一种关系——牢固的客户关系。与牢固的供应商关系一样，牢固的客户关系也有助于提高敏捷性，因为它可以帮助企业更准确地理解真正的潜在客户需求。正如克里斯托弗指出的那样，"商业中常见的失败是假设我们知道客户想要什么"。这种假设常常是错误的。而且，与牢固的供应商关系一样，企业最好努力与客户直接展开对话。正如前文提到的，这正是波音公司在开发波音 777 时采取的做法。当时波音公司已经意识到，它过度依赖于告诉客户他们想要什么。正如我们从波音 777 客机的例子中了解到的那样，在产品设计的背景下，利用牢固的客户关系和供应商关系的一个强有力的方法就是并行工程。

并行工程

"并行工程"一词可以追溯到罗伯特·温纳（Robert Winner）等人于 1988 年发表的一份内容涉及武器系统开发的开创性的报告。平心而论，温纳等人通常不被认为发明了这个概念，而是对其进行了定义和描述。正如温纳所说的那样，"并行工程是一种常识性的产品开发方法，早已为人们所知，尽管现代技术为其应用提供了便利"。

并行工程也称为同步工程，后者的出现可以追溯到 20 世纪 80 年代之前，并在第二次世界大战期间飞机快速发展的过程中发挥了作用，尽管当时这一概念还没有被正式提出。温纳等人不仅有效地定义了并行工程，而且概述了成功运用它所需的文化和管理变革。首先，并行工程的定义如下。

并行工程是对产品及相关流程（包括制造和支持）进行集成、并行设计的系统方法。采用这种方法的目的是使开发人员从一开始就考虑产品生命周期中从构思到处置的所有因素，包括质量、成本、进度和客户需求。

温纳等人关于并行工程有效性的研究指出了以下四个很有吸引力的好处。

- 改善设计质量，使早期生产过程中的工程更改订单数量减少 50% 以上。

- 产品和流程采用并行设计而不是顺序设计，产品开发周期可以缩短 40%~60%。

- 由一体化跨部门团队完成产品和流程设计工作，制造成本可降低 30%~40%。

- 通过对产品和流程设计进行优化，出现废品和返工的情况可减少 75%。

显然，对任何努力提高其敏捷性的企业来说，并行工程都为缩短产品创新周期的相关问题提供了明确的答案。通过并行工程，企业不仅可以缩短开发周期，还可以提高生产速度，并确保产品的可制造性不会受到损害。当然，"客户的声音"（如果存在）有助于确保最终进入市场的产品是能够满足客户需求的产品，并且能找到现成的买家。

然而，正如温纳等人所指出的那样（当然，后来也有许多人发现），并行工程并不是一用就有效的灵丹妙药。与其说并行工程是一个终极目的，不如说它是一段旅程。在这段旅程中，只有在产品开发周期结束，即产品完成从构思、实现可视化到成功投放市场这一过程后，企业才能真正衡量并行工程是否成功。

而文化和管理变革通常是并行工程成功实施的基础。并行工程并不会产生立竿见影的效果，企业通常需要经历很长一段时间（2~4 年）才能从并行工程的应用中获益。更重要的是，并行工程需要自上而下的参与才能成功，还要通过培训、重要利益相关者的支持及与组织内外相关方的对话来加强效果。

当然，在某种程度上，任何重大的组织变革都是如此。但与六西格玛等方法不同的是，并行工程是一种设计策略、一种产品开发策略、一种制造策略和一种供应链策略。当然，从总体上来说，并行工程是一种商业策略。在没有经过深思熟虑，没有精心准备和投资的情况下，企业不能草率地采用并行工程。至少，如果企业在采用并行工程方面没有任何成功案例，就不能这么做。

并行工程的演进

在某种程度上，采用日本具有启发性的制造技术，如 20 世纪 80 年代和 90 年代的准时制生产和精益制造，有助于普及并行工程的概念。很明显，任何关于消除浪费的讨论很快就会聚焦于与供应商和客户之间缺乏沟通而产生的浪费，以及与设计、业务流程和计划周期的衔接不当有关的浪费上。

除了消除浪费，供应商密切参与设计流程（第 1 章和第 2 章中对此进行了探讨）实际上还能带来令人信服的竞争优势。例如，1991 年哈佛商学院的金·克拉克（Kim Clark）和藤本贵弘（Takahiro Fujimoto）进行的一项颇有影响力的研究强调了早期供应商的参与是使日本汽车制造商与西方汽车制造商之间产生显著差距的关键原因。

正如弗朗西斯·比道尔特（Francis Bidault）、查尔斯·德普雷（Charles Despre）和克里斯蒂娜·巴特勒（Christina Butler）所指出的那样，克拉克和藤本贵弘的研究得出的结论是：在日本，供应商参与新车工程的比例为 30%；而在欧洲和北美洲，这一比例分别为 16% 和 7%。克拉克和藤本贵弘的工作是国际比较研究的一部分，当詹姆斯·沃麦克（James Womack）、丹尼尔·琼斯（Daniel Jones）和丹尼尔·鲁斯（Daniel Roos）在其著名的《改变世界的机器》（*The Machine that Changed the World*）一书中提到日本方法的优势时，国际比较研究也在将日本方法的优势传达给更广泛的受众方面发挥了关键作用。

在那之前，有些领先企业就已经在试验这个概念了。就像准时制生产的早期倡导者理查德·卢本（Richard Lubbem）指出的那样，早在 1977 年，美国施乐公司（Xerox）就启动了一个名为"早期供应商参与"的项目，该项目旨在通过将供应商的生产经验和施乐工程部门的设计要求相结合，"尽可能生产出好的产品"。其结果是，该公司在成本、质量和进度方面都有了显著的改善。此外，卢本还指出，施乐公司与其供应商加强合作，建立密切的工作关系，有助于提高设计标准化程度，促进相关项目的执行。

然而，尽管并行工程一开始就受到企业的青睐，但供应商和客户的参与不是主动的，而且并不常见，这使得波音 777 的案例变得十分有趣。最初，正如麻省理工学院研究并行工程的顶尖学者和专家之一查尔斯·法恩（Charles Fine）所报告的那样，早期的并行工程要求并行地开展设计和面向制造的设计。换言之，企业既要考虑设计，也要考虑在设计时所涉及的制造因素。

这反过来又刺激了概念工具的发展（如虚拟原型和快速原型），以及将这些抽象的概念具体表现出来的技术的发展（如计算机仿真技术、3D 打印和建模技术）。

2D和3D并行工程

此类并行工程方法已被标记为 2D 并行工程，而不是 3D 并行工程。3D 并行工程以客户和供应商输入的形式考虑供应链问题。这并不是要否认 2D 并行工程的作用，或者它可能给组织带来的好处。事实上，即使并行工程在 20 世纪 90 年代末期还处于相对的初级阶段，研究也已经证明了其显著优势。例如，波帕纳·加纳帕斯（Bopana Ganapathy）和高春华（Chon-Huat Goh）报告说，应用并行工程后，产品上市时间缩短了 30%~60%，生命周期成本降低了 15%~50%，工程变更请求减少了 55%~95%。

对 3D 并行工程带来的好处的实证研究在数量上要少得多，这主要是因为 3D 并行工程的实例较少，这也是笔者出版本书的原因之一。当然，3D 并行工程是 4C 模型的核心原则。

此外，正如查尔斯·法恩指出的那样，与 2D 并行工程相比，评估 3D 并行工程的好处在概念上更具挑战性，因为这些好处不仅延伸到了采用 3D 并行工程的组织，而且延伸到了其供应链。例如，想想我们已经看到的设计部门和供应链部门之间的更高水平的整合所带来的广泛的好处。除了缩短上市时间、降低产品生命周期成本和减少上市后的工程变更，还有很多好处。当供应商和客户都获得了这些好处（如减少浪费或降低风险）时，价格测量显然会成为一个问题。也就是说，区分 2D 并行工程和 3D 并行工程并不是在任何情况下都有用，尤其是在贸易伙伴之间的供应链接口上，它会变得模糊不清。例如，当汽车制造商对零部件供应商的生产线交付进行建模和模拟时，我们并不能明确知道其使用的是 2D 并行工程还是 3D 并行工程。

鉴于供应链中可回收的"闭环"专用集装箱的使用日益增多，对这些集装箱的流动过程进行建模和模拟显然有其优势：其一是避免手头的货物不足以满足循环中任何一点的需求；其二是解决了一个更严重的问题，即过度订购这种集装箱所导致的不必要的高资本性支出和低利用率。这两种情况都不能被认为是纯粹的 2D 并行工程，也不能被认为是纯粹的 3D 并行工程。

然而，无论如何命名或分类，二者潜在的好处无疑都是巨大的。马尔科姆·惠特利（Malcolm Wheatley）以一家美国汽车制造商的名义进行了一项模拟研究。该研究发现，他们向 1 100 个此类货箱投资 130 万美元，相当于每个货箱的成本约为 1 200 美元，其中只有 47% 的货箱在过去 30 天内发生过移动，而在过去 60 天内发生过移动的货箱的比例仅为 59%。

惠特利举了一个类似的例子，在 2005 年左右，在日产设于英国的桑德兰（Sunderland）汽车厂（英国最大的汽车组装厂，生产了 1/3 英国制造的汽车），随着日产的"跨界车"逍客（Qashqai，一款运动型多功能乘用车）的引入和生产规模的扩大，该厂的精益供应链与同样精益的装配流程之间的联系得到了广泛的模拟。重点在于，他们需要优化材料处理流程中专门设计的支架和货箱的使用，以平衡支架和货箱的供需，保持最低库存水平，同时要小心避免计算失误而导致的惩罚性成本。如果支架和货箱的需求在任何特定的时间超过供给，就可以使用普通的铁丝筐。但实际上铁丝筐不能用于运输零件，只能用于储存零件。因此，使用铁丝筐需要支付转运费用，同时将涉及操作人员和叉车的使用。

惠特利举了另一个例子，他讲述了 2007 年 7 月，当本田（Honda）斯文顿（Swindon）汽车厂的管理层计划安装一条新的发动机模块加工生产线时，该公司如何有意识地决定摒弃以前的做法，使用仿真技术来模拟生产和供应链的相互作用，并在各种条件下模拟其操作。

本田公司的工程师李·贝根（Lee Beggan）表示，该公司在新设备、输送机和拱架机器人方面有很多进展。日产公司希望避免依赖设备供应商的估计，以确定其提议的布局和概念设计在既定的日产量、周期时间和缓冲区大小下是否切实可行。需要考虑的一个问题是，在加工过程中移动发动机并避免出现道路堵塞或非生产性停工问题所需的拱架机器人的数量是多少。结论是，为了保证加工过程正常进行，只需要一台拱架机器人，而不是原来建议的两台。这种做法节省了大量的资金。

并行的战略优势

再次强调，这些例子中包含的并行工程的分类并不那么重要。与传统的按顺序将产品设计转化为最终产品的方法不同，任何形式的并行工程都能带来改进。2D 并行工程是对传统方法的改进；3D 并行工程（将受供应链启发而考虑到的因素融入设计本身）则是进一步的改进，正如我们从日产公司和本田公司的做法中看到的那样，它有时也被称为"2.5D"并行工程。

在每一个例子中，重点都是通过并行地、并发地接触设计部门之外的信息源，让设计、开发和制造流程获得更丰富的信息。

有时，这些信息源可以通过储存在人们头脑中的数据，或者供应商对自身产品技术的更好或更深入的理解，或者由沟通和协作方面的改善而产生的更流畅的流程，提供事实、洞察力和能力。有时，这些信息源可以是对原型或模型的仿真、实验和市场测试的结果。

在任何情况下，我们所得到的好处都不仅来自信息本身，还来自这样一个事实，即信息在一定的时间跨度上是可获取的，这使得我们可以更改产品设计，以便更好地利用它。换言之，并行通过使业务增加其运行的设计迭代的次数来提高敏捷性，每次设计迭代都会使这些业务趋于完美。此外，并行还降低了设计成本。以波音 777 为例，如果设计师、客户、制造工程师和供应链专家在会议室里围着白板讨论六个设计选项，那么每个选项都可以算作一个"设计"，尽管只有被选择的选项才是官方认可的带有设计编号和正式图纸的设计。

目前，由于大规模并行处理和云计算技术所带来的计算能力的巨大进步，制造商和设计师能够进行设计迭代分析，这远远超越了普通工业公司在几年前有能力进行的分析。从计算流体力学到有限元分析，再到全面的虚拟现实，高性能计算机甚至整个超级计算机集群的计算能力如今都很容易获得，而且普通企业都负担得起费用。

如何提升组件的性能？怎样才能使它变得更轻、更强、更薄？有可能用更便宜的材料代替更贵的材料吗？

很明显，为了回答这些问题，企业提出越多的假设方案，就越有可能生产出更好、更轻、更强、更便宜的组件和材料，并加快创新的步伐。

当然，快速原型制造技术、计算机性能和材料沉积技术的进步，使企业能够生产出 3D 虚拟原型，供设计师和潜在客户探索；或者它们只需付出传统建模技术的一小部分成本和很少的时间，就能生产出实物原型。利用立体成像、选择性激光烧结成型和熔融沉积模型（更通俗的说法是 3D 打印技术）等技术，企业可以直接利用设计师的 CAD 文件生产原型部件和组件，所用设备的成本仅占几年前成本的一小部分。10 年前可能要花费 20 万英镑左右才能买到的快速原型机，现在用 1/10 的价格就能买到。

也就是说，近年来在快速原型制造方面取得的进步带有些许讽刺意味。就像快速且廉价的原型制造成了一种可实现且企业负担得起的技术一样，仿真技术的发展减少了企业对这种实物原型的需求。

通过延迟增强敏捷性

对希望通过增强敏捷性来巩固竞争地位的制造商而言，并行工程并不是唯一的途径。另一种策略（甚至可以作为补充策略）是延迟。

延迟并不难理解。从本质上讲，它是指在设计或制造产品的流程中，尽可能晚地进行尽可能多的客户配置。例如，一家企业销售的产品需要经过一个漫长的零部件制造过程，并且前置时间很长，但是绝大多数产品的衍生品都具有相同的核心组件。在这种情况下，在了解客户订单的确切细节后，尽可能为客户提供更短的订单完成时间，比持有已完成组件的库存和已完成组装的产品的库存来满足客户需求更具竞争力。

或者，设想这样一种情况，即在不同客户所需的成品基本上是相同的，但可选择的或针对特定客户的选项仅涉及与产品一起送到客户手中的相关物品，或者仅涉及使用产品时所需的相关物品。虽然持有成品库存是有道理的，但一旦知道了订单细节，就应尽可能晚地应用客户指定的或其他可选择的选项。

这就是第 2 章介绍的惠普将全球台式打印机业务本土化的基础。打印机保存在仓库中，随后添加针对特定市场的物品，如电源线、产品手册和标签，惠普因此更了解哪些打印机被运往哪个市场销售。通过实行延迟策略，惠普可以够降低复杂性，减少库存，提高特定市场 SKU 的可用性，提高客户服务水平，缩短前置时间。

延迟策略的应用

计算机制造商戴尔是另一家在供应链中灵活运用延迟策略的企业。不过，戴尔不仅提高了运营效率，还利用延迟策略构建了新的商业模式和客户价值主张。戴尔巧妙地将按单生产（Build-to-Order）这一商业模式的威力与利用自身的购买力和规模经济效应来采购键盘和显示器等行业标准产品的能力结合在一起。

例如，在 20 世纪 90 年代初，戴尔迅速扩展其全球业务，在爱尔兰利默里克（Limerick）建立了一家拥有 1 900 名员工的工厂，旨在为欧洲、中东和非洲市场生产台式机、笔记本电脑和服务器。从物流网络规划的角度来看，选择在欧洲边缘建厂并不合理，之所以这样做可能是因为受到爱尔兰政府及爱尔兰发展署的减税和补助政策的影响。但是，延迟策略在利默里克的工厂发挥了极佳的作用。

戴尔从不同国家或地区的子公司客户处接单，然后将其传送到利默里克工厂，由其进行制造。不出 24 小时（偶尔需要 48 小时），这些机器将在利默里克的生产线上进行生产，但只有主机在此处生产，显示器、键盘、扬声器等将从供应商处直接运送到位于客户附近的存储点，在那里它们将以寄售库存的形式存放，等待戴尔发出订单以满足特定客户的需求。只有在最后交付给客户时，这些部件才会与利默里克工厂制造的主机组装在一起。

例如，对于运往英国市场的计算机，这些部件就存放在利物浦。不过，尽管利物浦的现货库存一般相当于大约 20 天的库存（显示器往往被视为容易受供应链不规范行为的影响），但与每台计算机订单相关的显示器和扬声器只在戴尔的仓库中存放大约半天的时间。在此之后，这些部件要么计入应收账款项目（针对商业市场的计算机），要么计入现金（在发货点通过信用卡付款的消费类计算机）。供应商在其产品进入戴尔的仓库后大约 45 天才会收到货款，这意味着戴尔处于一个极为有利的地位——它在收到货款后大约 6 周才向供应商付款。

全世界的汽车企业多采用延迟策略，这一策略既可以最大限度地提高最终客户的可配置性，又可以最大限度地减少成品车辆的库存。这是因为，车辆制造和需求预测可能源自世界另一端的市场，如北美洲和欧洲等，这是一项很特殊的挑战。因此，许多公司做出了一项战略决策：在制造完成后，而不是在制造过程中，为特定市场的客户量身定制车辆。因此，它们可以制造更简单、更标准的模型，并对有关特定选项的需求是否存在做出更准确的评估后，再决定是否定制这些模型。

例如，北美马自达公司（Mazda North America）针对美国市场在入境港口采取定制策略，该公司称之为"港口配件化"（Port Accessorization）。马自达在全球市场中的大多数汽车都是在日本制造的，但并非所有市场都希望得到或需要相同的功能。通过在港口安装配件或客户自选配件的方法，该公司可以满足不同市场的需求，而不会影响制造工厂的组装过程。此外，该公司还摆脱了必须预测特定选项的需求的负担。它只需要预测通用车型的总体需求，了解个别经销商的要求，以便在离交货点更近的地方进行定制。

经销商订购车辆时，可以添加配件，如远程启动、扰流板、卫星广播和车顶行李架。完整的车辆将在没有这些选项的情况下进行制造和运输。车辆一旦到达目的地，便会由专业的复合经营企业进行安装。通常每辆车的配件安装时间约为半小时，而且常常比经销商更有劳动力成本优势。只有当某一特定产品的全球普及率足够高时，安装才会由装配厂完成。在其他情况下，使装配厂负责的事情尽可能简单才是重点。

为延迟而设计

不过，和并行工程一样，延迟是一种长期推行才能见效的策略，它并不是立竿见影的灵丹妙药。企业不可能一夜之间突然决定改用延迟策略。如果要采用延迟策略，企业可能需要对产品设计、采购和制造流程、销售流程、物流和贴标流程及总体业务流程做出重大调整。当然，并不是所有流程都需要调整。例如，销售流程可能不受影响，客户并不知道后期配置的调整是制造商能在短时间内交付产品的原因，而产品生产周期可能长达数周。但总的来说，为了最大限度地利用新发现的弹性所带来的商业回报，在这些领域进行变革是值得考虑的。

然而，最明显的是，这些变化都是从产品设计开始的。如果在设计一个产品时没有考虑到延迟，采用延迟策略就会很困难。再举一个例子，电器制造商经常利用电源线实施延迟策略。例如，双针或三针扁针 A 型或 B 型插头适用于北美和日本市场；两针或三针圆针 C 型、E 型或 F 型插头适用于欧洲市场；三针长方形插脚 G 型插头适用于英国、爱尔兰、马来西亚和新加坡市场；三针倾斜扁平插脚插头适用于澳大利亚市场。

从实际延迟的角度来看，合适的插头几乎可以在产品生产后的任何时候提供，如包装阶段，甚至在抵达全球区域配送中心之后。但是，供应合适的插头只是次要环节。产品本身必须能够在消费者的家庭和办公室的两种主要电压之间进行切换：北美地区和日本的电压为 120 伏，其他地区的电压一般为 220~240 伏。

制造商还要确保制造和采购流程的正确配置，使配置适应其延迟策略。举一个例子，想想 Zara 对未染色面料的创新运用。当 Zara 清楚地知道每个季节的流行色和消费者喜好之后，就可以灵活地在更接近销售时间点的时候准确地决定采用什么颜色。例如，如果一件衣服从一开始就设计成红色，而在生产过程中又采购了红色织物，后续就不可能将该织物重新染成较浅的颜色，如白色或黄色。因此，Zara 的采购人员需要知道，他们将购买的是未染色织物，而且制造流程需要比以往更加深入地反映整个过程所包含的染整（Dyeing and Finishing）流程。

另外，需要注意的是，在这种情况下，延迟策略所带来的额外弹性并不一定需要付出额外的成本。虽然织物的染整可能是制造商需要承担或协调的额外业务，但通过购买更多的未染色织物，而不是零散地购买已染上某种颜色的织物，就可以节省采购费用。染整流程无论如何都会发生，只是发生在生产过程中的环节改变了。我们可以合理地假设，更精确地衡量哪些颜色的衣服卖得好（哪些卖得不好）的能力将带来更低的折扣率和过时率，而且那些卖得好的颜色的衣服更不容易断货。

物流和贴标流程也是如此。在区域配送中心和仓库中，尽可能按照客户的要求进行延迟的好处是很容易看出来的。

但是，企业必须在整个前置时间内为延迟留出时间；让训练有素的操作人员正确地操作；要找到合适的空间，以便开展这些活动；要采取必要的措施防止失窃和损失；要建立在工厂环境中可复制、可实现的质量保证系统；

要重新配置供应链，以便将适当的部件送到遍布全球的区域配送中心和仓库。例如，就家电的电源线而言，目前在中国或日本工厂制造的电源线可能不得不被运往史基浦机场（位于阿姆斯特丹）附近的工业园区中的仓库。这些都不是无法克服的挑战，但如果说经验能教给我们什么，那就是不要将仓库当成制造车间。

总之，与并行工程一样，延迟不是一个能快速解决问题的策略。这个策略很有用，但并不能迅速发挥作用。再次强调，在制图板上做设计时就要深思熟虑。

案例研究：约翰斯顿·埃尔金——将敏捷性作为成本竞争的对策

约翰斯顿·埃尔金公司（Johnstons of Elgin，以下简称"约翰斯顿"）是一家倡导经典风格的羊绒和羔羊毛高档服装制造商，其历史可以追溯到 1797 年。当时，亚历山大·约翰斯顿（Alexander Johnston）首次租用了位于苏格兰阿伯丁郡（Aberdeenshire）纽米尔（Newmill）的一家毛纺工厂。200 多年来，约翰斯顿的工厂仍在原址，是英国仅存的垂直一体化毛纺工厂，也是英国唯一一家仍在同一地点完成从羊毛的混纺、梳理和纺纱到成品织物和服装的编织及织造的整个生产过程的毛纺工厂。

该公司最初是一家生产"Estate Tweeds"（一种格子呢的衍生产品）的公司，后来业务范围逐渐扩大，开始从事羊绒织造，进口羊绒，并开发了一系列精美的羊绒织物。1973 年，约翰斯顿进入羊绒针织行业，并在苏格兰边境的霍伊克单独开了一家羊绒针织工厂。

多年来，以羊绒为原料的产品往往价格很高，因此只有富裕的消费者购买。但是随着全球化的开始，成本低廉的竞争者在 20 世纪 90 年代开始出现。

贴上"羊绒"标签的产品可以在西方国家的超市里销售，而且其价格只是传统制造商和零售商售价的零头。

例如，2008 年，一条羊绒披肩可以在乐购以 29 英镑的价格买到，而在哈维·尼科尔斯（Harvey Nichols）这样的商店中，其售价大约为 200 英镑。诚然，许多低成本的羊绒产品质量并没有那么好，而且它们往往只含有刚好符合法律规定数量的羊绒，好让其被合法地标记为羊绒产品。尽管如此，它们仍然很快就对英国生产的羊绒产品的销售产生了重大影响。

许多传统制造商无法应对这种竞争，因此离开了这个行业。约翰斯顿也无法免受这些竞争的影响。2006 年，它的利润从上一年的 220 万英镑下降到 33.6 万英镑。

为了反击，该公司决定利用这一事实：设计已经成为其业务中更为重要的方面。约翰斯顿最初主要经营高度稳定的男装业务，产品生命周期较长，如西装面料。但随着时间的推移，该公司的产品范围发生了变化，现在它已经成为一家女性服装企业，产品更加时尚且生命周期更短。

与此同时，该公司从一家主要重复生产标准产品的公司转型为一家更加个性化的公司，它为自己的零售店生产产品，也为爱马仕（Hermès）等高档时装公司生产"自有品牌"产品。

约翰斯顿的管理层意识到，采用以设计为主导的公司战略可以将设计作为差异化的竞争优势，从而与低成本地区的竞争者相抗衡。但与此同时，该公司也认识到，正如设计对整个业务来说越来越重要一样，它在产品开发过程中也已经成为一个更加关键的因素，而且从最初的设计到最终将产品投放到市场中所花费的时间往往非常漫长（这种情况在纺织和服装行业很常见）。

在一定程度上，产品开发过程的漫长是传统生产和精加工过程缺乏弹性所致。不过，由于约翰斯顿在生产过程中进行了许多创新和变革，如引进了

"卷纱和包装"染色方法并购买了能够以更小的批量生产和加工织物的新设备，这一情况大大地缓解了。

但是设计过程中发生的变革和创新较少，而且有一种新的观点认为，如果不想在对抗低成本进口产品时阻碍业务发展，就要进行根本性的变革。如果不能迅速地引进新产品，也不能快速调整生产以满足不确定的需求，那么仅在设计上进行创新是不够的。

一个问题是，由于需要为客户生产成品织物的样品，以及需要经常根据客户的要求对产品的设计进行更改，延误常常发生。这些延误不仅大大增加了成本（样品的成本可能为每米 80 英镑左右），而且会导致上市时间推迟。

另一个问题是，约翰斯顿的设计过程遵循的是固定的设计周期。对于自己的产品系列（与为其他客户生产的产品不同），该公司遵循一个常规周期：关于新设计和色彩创意的初期工作始于 2 月，6 月是首次审核新产品创意的最后期限，8 月底是最后的"签发"期限；然后，产品会在次年的 4 月或 5 月出现在商店里。

但是，对约翰斯顿为其他客户（如时装公司或零售商）生产的产品来说，竞争压力意味着其设计周期必须更短、更灵活。这些客户对约翰斯顿来说越来越重要，它们对产品的要求非常苛刻，并且经常在后期要求更改产品设计和规格。此外，博柏利（Burberry）等零售商客户增加了其产品系列变化的季节次数，大体上从每年两季增加到四季。它们还要求在季中引入新的颜色，这同样对生产样品提出了新的要求。

实现这一目标所需面对的最直接的挑战是产能。过去的重点是减少产能以降低成本，现在则需要找到更好的方法来利用现有产能，或者在其他地方获取更多的产能。不管怎样，商业战略的转变表明企业需要增强敏捷性，而不是仅仅关注成本和精益运营模式。增强敏捷性所需的额外产能也不能简单地以投资设备的方式来获取，问题不在于机器可运行时间的长短，而在于是否有可用的、熟练的技术人员。随着劳动力逐渐老龄化，有经验的工人越来越少，尤其是那些涉及手工缝制的生产任务所需的工人。

约翰斯顿提升其对需求的响应能力的方法之一是更多地利用外包战略，同时有意识地将更易于预测的产品线与业务中不可预测的部分剥离。

因此，它与一家位于毛里求斯的工厂建立了合作伙伴关系，该工厂曾被用于生产约翰斯顿的大批量产品。这一做法具有双重优点，既可以获得低成本制造的优势，又可以将苏格兰的核心生产基地解放出来，从而专注于更加以时尚为导向的、产品生命周期更短的产品。将辅助业务外包给其他英国公司进一步增强了约翰斯顿的敏捷性。

此外，为了缓解羊绒成本不断上升所带来的压力，该公司开始为客户提供混纺产品，例如，将羊绒与价格较低的超细美利奴羊毛混纺。由于羊绒是一种以美元计价的商品，该公司的设计师与世界各地的销售代理商合作，通过有意识地把重点放在现行汇率可能使苏格兰产品更具吸引力的地区，从而减少汇率波动所带来的影响。

此外，约翰斯顿开始探索将数字图案印到由普通织布制成的围巾上的新技术。这使它既能迅速引入新的样式，又能利用普通布料的简化染色、编织和整理流程所带来的制造优势。

检查清单：设计专业人员要回答的问题

☐ "客户的声音"现在是如何影响您所在企业的产品设计部门的？二者之间的联系是正式的还是非正式的，或者与特定新产品的开发有关？

☐ 您所在的企业是否使用了并行工程？如果没有，为什么？如果正在使用并行工程，那么是否涉及供应链？如果不涉及，为什么？

☐ 您所在的企业的产品设计流程是否正式考虑了售后维修和保养注意事项？如果考虑了，如何获取这些数据？它们是如何被纳入产品设计决策的？

☐ 您所在的企业有哪些机会可以使用数字仿真技术？您考虑过这些问题吗？如果没有，为什么？

☐ 您所在的企业有哪些机会可以使用快速原型技术？您考虑过这些问题吗？如果没有，为什么？

检查清单：供应链专业人员要回答的问题

☐ 您所在的企业是否使用了并行工程？如果没有，为什么？如果正在使用并行工程，那么是否涉及供应链？如果不涉及，为什么？

☐ 采取延期策略有可能带来哪些商业利益？这一问题是否被评估过，或者您所在的企业考虑过延期吗？您所在企业的生产、贴标或物流流程中的哪些阶段可能适合采用延期策略？

☐ "客户的声音"现在是如何影响您所在企业的产品设计部门的？二者之间的联系是正式的还是非正式的，或者与特定新产品的开发有关？

☐ 供应商是否定期参与新产品的设计和开发过程？它们被邀请参与过

吗？是否存在可用来确定哪些供应商在产品设计和产品技术的竞争方面处于优势地位的正式流程？

□ 您所在的企业是否对供应链与供应商的交互做过正式的建模（如本书所述的"2.5D 并行工程"），尤其是在供应链与制造部门的接口方面？您所在企业的供应链的哪些方面可能会受益于这一模型？

PRODUCT DESIGN AND
THE SUPPLY CHAIN
Competing Through Design

第 5 章
产品设计与可持续发展

在过去的 25 年里，可持续发展对企业来说变得越来越重要。人们也越来越清楚地认识到，可持续发展涉及整条供应链，在企业内部并不是一个孤立存在的问题。

本章将研究产品设计流程在改善企业可持续发展绩效中所扮演的角色，产品设计决策如何影响环境及生活在这个环境中的人和动物，以及设计师为了实现可持续发展的目标，通常需要如何与供应链伙伴合作。本章还将探讨产品设计决策对可持续发展的主要影响，并指出了可持续发展不必以牺牲利润为代价。

持久的伙伴关系：供应商协作

下定决心改善可持续发展绩效的制药巨头葛兰素史克（GlaxoSmithKline）决定在 2012 年采取措施以减少其碳足迹，但他们很快得出了两个令人不安的结论。

首先，该公司 40% 的碳足迹不在自身业务范围内，而在其供应商业务范围内，该公司只是从多家供应商购买了价值为 20 亿英镑的材料。

其次，供应商制造的碳足迹高度分散，没有一家供应商的碳足迹占比超过 1%。

葛兰素史克全球环境可持续性发展卓越中心（GlaxoSmithKline's Global Environmental Sustainability Centre of Excellence）的负责人马特·威尔逊（Matt Wilson）后来回忆说："这项任务看起来很艰巨。如果我们要在帮助供应商减少碳足迹方面产生实质性影响，就必须与数量庞大的供应商接触，这也可以帮助我们自己减少碳足迹。"

一家咨询公司正式与众多供应商进行了跨部门沟通，了解它们对提高能源效率的关注程度，并试图确定他们是否愿意与葛兰素史克合作，以提高能源效率。

威尔逊解释说："如果通过我们的采购组织来尝试进行此操作，将导致一场以商业为导向的对话，这会设定一种错误的基调。""而通过起缓冲作用的咨询顾问，并且通过使供应商根据自己的需求进行匿名回复的方式，我们进一步提高了它们的舒适度。"

70% 的受访者表示，节约能源对他们来说很重要，这是朝着正确方向迈出的一步。但只有 35% 的受访者继续报告说，他们实际上正在实施一项旨在实现能源节约的计划。这些数据并没有那么令人鼓舞，而且显然会对葛兰素史克自己的碳减排愿望和成就产生影响。不过，调查结果也有令人乐观的一面。大约 85% 的供应商乐于公开回应，而不是以匿名的方式。此外，约 90% 的供应商愿意参与旨在提高能源效率的合作方案的实施。也许更重要的是，许多供应商的反应并非来自它们的商务部门，而是来自其他部门。

简而言之，葛兰素史克的管理层意识到，如果葛兰素史克的商务团队与供应商之间的对话能够转变为与直接处理可持续发展问题的人们的对话，这种对话就有希望带来更大的收益。

但是，如何做到这一点呢？葛兰素史克的管理层意识到，这种直接参与和合作的模式已经存在，那就是沃尔玛旗下的连锁超市阿斯达（Asda）的"可持续发展与节能减排"计划——2degrees。这是一个由阿斯达的供应商和阿斯达的代表构建的私有在线社区，聚焦于与可持续发展和成本效益相关的活动。该社区成立于 2012 年，其目标是使会员相互分享可持续发展方面的最佳实践案例，所有有益于成本节约的实践都会得到阿斯达商务团队的坚定支持。

在一个独立的第三方特殊供应商的帮助下，该社区主要采取供应商之间交互的方式，而不是供应商和阿斯达代表之间交互的方式进行运作。供应商向其他供应商询问问题，并协助开展或参与各种知识分享活动，如现场访问、研习会、在线培训、网络研讨会和专家讲座班。供应商可能在网上就 LED 照明等问题征求建议，其他供应商也会根据自己的经验做出回应，酌情提供临时的可访问的网站。

由于供应商之间绝大多数的交互是在业务方向不同的供应商之间进行的，它们各自向阿斯达供应非常不同的产品，因此该社区具备高度的开放性。虽然阿斯达没有强制要求供应商加入，但免费获取关于改进可持续性的信息（以及常常随之而来的成本节约）的吸引力很快就说服了来自 14 个国家的约 300 家供应商报名。这些供应商为阿斯达供应的新鲜、冷藏、常温和冷冻食品的销售总额约为 70 亿英镑。

简而言之，从采用 LED 照明到采用生物质锅炉，从提高空气压缩机效率到减少包装浪费，阿斯达可以为葛兰素史克提供丰富的最佳实践案例，而这些案例是以其他任何方式都难以获得的。

葛兰素史克的管理层很快就被说服了，并在 2014 年推出了自己的社区，该社区也是以 2degrees 为基础来推进的。一年后，葛兰素史克供应商交易所（GlaxoSmithKline Supplier Exchange）接纳了约 270 家直接材料供应商，花费约 10 亿英镑。截至 2017 年，这一数字已增长至 320 家，这些供应商分布在全球的 45 个国家。建立该社区时的目标是，到 2020 年将葛兰素史克的碳足迹减少 25%，并帮助该公司在 2050 年建立一条碳中和价值链。

供应链挑战

当然，这种供应商与其他供应商之间的协作是非常少见的。企业与供应商在可持续发展问题上合作曾经是不可想象的。

但是，世界变了。就像在过去的两三个世纪里，人类的行为对环境造成了破坏一样，人类现在正以供应链协作的方式采取行动，试图弥补一些破坏。

葛兰素史克和阿斯达所做的工作将重点放在了传统垂直供应链合作中最困难的方面。无论这种合作多么开放，无论合作的意愿多强，沟通和合作本身都并不能确保得到答案或结果。换句话说，如果一个客户和一个供应商相互独立地工作，那么它们并不会得到所有问题的答案。

但是，其他客户和供应商在其他地方可能会得到这些问题的答案。随着产品设计师和供应链管理人员在寻求可持续发展绩效改善方面的要求越来越高，获取其他客户和供应商的见解、专长和经验的能力将变得越来越重要。

同样，产品设计师对可持续性知识的了解也会受到他们自身的见解、专长和经验的制约。

他们可能想设计一种对环境更友好的产品，但是他们意识到设计这种产品所需的技能和技术超出了自己所掌握的技能和技术的范围。这就使供应链和他们在供应链部门的同事有了用武之地。接下来的内容将探讨这种对话可能涉及的一些可持续性问题。

设计决策很重要

本章的主题是，产品设计可以对环境和人类文明的可持续性产生重大影响。可持续发展设计不是一个"一次性"的特殊项目，或者一个由设计师和他们的客户随意选择的额外项目，也不是公司可持续发展报告中的一个象征性的绿色项目，而应该成为日常设计活动中的自觉，以及支撑整个产品开发流程的精神议程。

克莱尔·布拉斯（Clare Brass）、弗洛拉·鲍登（Flora Bowden）和约翰·莫斯利（John Moseley）在英国设计委员会发表的一篇重要论文做了如下阐述。

可持续发展设计既不是设计的附加物，也不是设计的精英领域。可持续发展设计是所有设计师改善其工作对社会、经济和环境的影响的过程。

这种说法是可取的，对于这一点没什么好奇怪的。尽管本书或本章并非出于此目的而提倡绿色议程，但越来越多的证据表明，人类的决策，尤其是与产品设计相关的人为决策，对我们生活的世界产生了不利影响。

证据还在不断增加。早在 1962 年，有影响力的作家蕾切尔·卡森（Rachel Carson）出版了《寂静的春天》（*Silent Spring*）一书，该书提出了双对氯苯基三氯乙烷（俗称"滴滴涕"）之类的合成农药杀死了野生生物的观点，由此受到了化学公司等既得利益者的强烈抵制。尽管如此，在卡森的影响下，美国国家环境保护局（United States' Environmental Protection Agency）成立，并于 1972 年禁止在农业用地上使用 DDT。不久之后，其他国家也出台了类似的禁令。

1972 年在其他方面也是一个形成期。由大众汽车基金会资助并受罗马俱乐部委托，德内拉·梅多斯（Donella Meadows）等人的著作《增长的极限》（*The Limits to Growth*）引起了人们对资源消耗和世界上有限资源（如石油、天然气、金属、淡水等）的枯竭的密切关注。基于复杂的计算机模拟和模型的预测尽管引发了不少争议，还是起到了强有力的唤醒作用。40 多年过去了，据报道，该模型的核心预测数据仍然与现实世界的数据相吻合，尤其是"石油峰值"的出现。尽管这一现象的发生被推迟了，但随着全球采掘量超过了经济上可行的可开采新油田的探明储量，这一现象的发生似乎越来越不可避免。

在《增长的极限》出版 20 年后，1992 年联合国地球峰会在里约热内卢召开。这次峰会开启了关于可持续发展的跨国、跨界的合作，有近 200 个国家和地区参加了会议，其中 100 多个派出了政府首脑。重要的是，这次会议为后来的《生物多样性公约》和《联合国气候变化框架公约》奠定了基础。这两项公约都在此次会议上正式开放，供各国签署。

如今，尽管世界各地的情况不尽相同，但已经取得的进展非常可观。可持续发展运动组织说，正是在环境表现上的这种差异，说明了在源头上避免环境破坏的重要性，源头并不在工厂或制造过程中，而在设计阶段。布拉斯、鲍登和莫斯利指出，正如在产品设计过程中，产品 80% 的成本被"吸收"了，产品对环境的影响的 80% 也是如此，这体现在对产品的材料构成、制造流程、能源效率和包装（黄铜）的选择上。

换言之，过去 20 多年来西欧和北美地区环境的改善，并不是通过消除有害的环境影响实现的，而是通过抓住全球化机遇和将制造业外包给低成本经济体实现的。这些低成本经济体可能正在将其产品出口到西方国家，但西方国家肯定会将环境破坏"出口"到低成本经济体。

此外，将制造业外包给低成本经济体所造成的这种环境破坏也可以反映为社会危害，危害的不仅是环境本身，还有生活在环境中或依赖于环境的人。

有时，此类危害会引发一些丑闻和声誉损失。曾有一些零售商使用了位于孟加拉国达卡（Dhaka）郊外的一栋不安全的、9 层高的大厦中的服装工厂，该大厦于 2013 年 4 月倒塌，造成 1 100 多名工人死亡。这让零售商沃尔玛、贝纳通（Benetton）、Matalan 和 Primark 等受到了社会各界的猛烈抨击。再看看运动服装公司耐克（Nike），大约 15 年前，该公司的一些鞋被发现是在发展中国家的工厂中由童工生产的。

但有时，尽管这种损害对社会和个人造成的损害非常大，但它并没有引起媒体的关注。例如，在印度和孟加拉国的部分地区，纺织面料的染色过程（通常针对西方服装和连锁超市）会不受管制地倾倒废水，造成了大面积的水污染。虽然使用了无污染或低污染的染色技术（例如，使用循环水、可替代的二氧化碳染色工艺、可生物降解的"天然"染料，以及设计基于涤纶织物而不是棉花的产品），但这种水污染仍在持续。

正如英国《卫报》(*Guardian*)观察到的那样,在印度的蒂鲁巴(Tirupur),有数十家工厂和车间的工人为在世界各地出售的 T 恤衫和其他成衣的材料染色。当地的染色厂长期将废水倾倒在河流中,导致地下水无法饮用,当地的农田也遭到了破坏。"尽管出台了更严格的规定,当地媒体也在密切监督,一些不遵守规则的公司被关闭,但水污染的状况仍在继续恶化。为此付出代价的是该市的 35 万居民,而不是跨国纺织公司"。

最近,人们关注的焦点不再是织物的染色,而是织物本身的选择。黏胶,又称人造丝,通常被视为棉和涤纶的廉价替代品,很容易被描述成一种天然织物。它由纤维素或木浆制成,这两种原料通常(并不总是)来自特定的快速生长的树木,就像生产纸板和纸张所需的原料一样。然而,对环境和社会的损害并非来自原料,而是来自将原材料转化为最终产品所需的工业流程。

该流程涉及的其他化学物质包括氢氧化钠(苛性钠)、硫酸和二硫化碳,后者是一种已知的毒素,与冠心病、先天缺陷、皮肤病和癌症紧密相关。市场发展基金会(Changing Markets Foundation)声称,在某些低成本经济体中,这些物质被大面积排放到工厂周围的环境中,造成了严重的水污染,导致水井无法使用。该基金会再次提到西方的多家知名时装零售商,这些零售商正是此种有问题的黏胶纤维的买家。

虽然本章的主要关注点是环境的可持续性,但有时我们很难将环境的可持续性与社会的可持续性区分开来。单纯从设计的角度来看,最好务实一点并承认设计决策的局限性,以及将设计与供应链结合才能获得更好的效果。

例如,使用童工、工作环境不安全或其他剥削性的工作条件等问题的存在是令人痛心的,但设计师对这些问题几乎束手无策。然而,在资源配置和采购方面,采购部门具有相应的、合适的权限。在挑选织物染料、染色工艺、黏胶或棉质等时，设计师是可以施加影响的。

艰难的选择

不过，并非所有这类决策都如此直截了当。例如，企业需要考虑淘汰过时的产品对环境的多重影响。毋庸置疑，最大限度地减少制造业对环境的不利影响的最佳方法是制造使用寿命更长的产品来减少对制造业的需求，这样就减少了消耗资源的工业流程和废物副产品等。

产品的使用寿命延长，更换产品的次数就会减少，制造业活动放缓会在整条供应链中产生反向作用：需求减少，生产减少，资源需求减少，运输减少，等等。

这又一次产生了社会影响。首先，淘汰并不是简单地说一句"是"或"否"的问题。与某些反消费主义者的看法不同，在大多数企业中，设计师并不会坐在办公桌旁故意设计出很快就会过时或失效的产品。但是，他们确实会根据价格水平设计产品，制定产品和材料规格，使产品能够以给定的目标价格生产和销售，从而实现一定的利润。

他们这样做是有原因的。不同消费者拥有的财富不同，收入和预算也千差万别，明智的制造商（显然不包括奢侈品牌和小众品牌）不会故意排除潜在市场来约束自己。因此，延长产品的使用寿命可能会增加产品的成本并因此导致产品价格上涨，从而使它们超越某些细分市场的范围。

同样，正如经济学家将证实的那样，产品寿命延长还会带来另一个同样明显的影响——制造业将变得不那么活跃，而且劳动力也变得更少了，因为在特定时期内，为满足特定消费者需求而生产的产品减少了。也就是说，报废可能对地球不利，但对就业率、收入和国内生产总值（Gross Domestic Production，GDP）的提高却有好处。

　　此外，减少报废并不总是一个实用或可取的主张，适可而止才是正确的。对耐用消费品而言，产品寿命长是有意义的，一般也是人们的期望，它取决于产品的可承受性和长期与之相关的功能集。例如，如果一台生产于20世纪60年代的洗衣机持续用到现在，那么它已经不太可能满足现代消费者的需求，因为它提供的功能对现代人而言太基础了。汽车和其他耐用消费品也是如此。人们可能喜欢在汽车爱好者的集会上炫耀自己的老爷车，但很少有人会选择在日常出行时开这种车。

　　食品是另一个例子。除了减少可避免的食物浪费，延长食品的保质期不一定是明智的。当消费者想要喝啤酒时，一罐啤酒打开后很快就会被喝光，而且很明显，这罐啤酒只能一次性喝光。同样，其他任何消费品（如清洁产品、文具和器皿等）被制造出来的目的都是被消费。这些东西一旦被消费完就会被扔掉。

　　然而，即便如此，设计师有时也会为了产品寿命某些无关紧要的影响而绞尽脑汁。现在，有了新的妙招。如果产品已经被使用和丢弃，或者与现在对其的需求无关，设计师就应该以易于回收或采用其他的再利用方式对其进行设计。因此，虽然啤酒罐里的啤酒可能已经被喝光了，但这个啤酒罐可以被放到一个收集箱中，熔化后又可以做成一个啤酒罐。塑料饮料瓶、用于包装食品和清洁产品的塑料容器，以及日常用纸、塑料、玻璃、卡片和金属等也是如此，而它们正是大多数回收机构所关注的对象。

循环经济

　　我们还可以走得更远。"循环经济"这一概念通常被认为是由环境经济学家戴维·皮尔斯（David Pearce）和凯里·特纳（Kerry Turner）正式提出的。这一概念认为，如今的"线性"经济（供应链从原材料延伸到成品）应该被更加可持续的循环经济（成品所使用的原材料大部分甚至完全由前几代相同成品或其他成品的回收材料构成）代替。

如今，循环经济的倡导者们与艾伦·麦克阿瑟基金会（Ellen MacArthur Foundation）和其他一些环保主义组织一起工作。他们指出，从一开始，循环设计的产品就具备成本、弹性和可持续性方面的优势。

例如，产品设计师利用废弃材料设计全部或大部分由再生纸、硬纸板、塑料、铝或钢制成的产品，否则他们不得不将其作为废物进行处理。尽管这些垃圾不是"免费"的，因为它们必须经过收集、整合和处理，但与在地球另一端提取和加工原材料的成本相比，它们显然是更经济的。

此外，通过中断（并最大限度地减少）用于生产产品的原材料的流入，不仅可以让制造商实现按成本和可持续性议程交付产品，而且有助于使其供应链更具弹性。具体方法是利用回收材料的"近岸"供应链，这种供应链理论上较少受价格波动的影响，也较少受自然灾害、地缘政治或长途货运中断的影响。

艾伦·麦克阿瑟基金会发表的一份报告《迈向循环经济：加速转型的商业原理》（*Towards a Circular Economy: The Business Rationale for an Accelerated Transition*）估计，通过应用循环经济原理，欧洲到 2030 年可创造 1.8 万亿欧元的净效益。例如，如果手机行业能让手机更易于拆解和回收，并鼓励消费者归还旧手机，而不是丢弃它们，那么每台手机的回收和再利用成本就可以降低 50%。如果酿造业像过去几十年一样，采用更加可持续的模式使用可重复使用的玻璃瓶，则可以将瓶装啤酒和罐装啤酒的包装、加工和配送成本降低 20%。

在美国，根据美国商会基金会（United States Chamber of Commerce Foundation）与艾伦·麦克阿瑟基金会联合发布的报告《实现循环经济：私营部门如何重塑商业的未来》（*Achieving a Circular Economy: How the Private*

Sector Is Reimagining the Future of Business），循环经济在 10 年内估计每年可以产生 1 万亿美元的经济价值，创造 10 万多个新的就业机会，并能有效地转移 1 亿吨垃圾，并且有助于消除商品价格上涨所带来的影响。要知道，商品价格上涨已抵消了长期以来平均制造成本的降低。

当零件被简单地重复使用，而不被熔化成其他形式进行再加工时，循环可以算是最有效的利用方式。简单地说，这就是再制造：将报废的产品送回原制造商处进行剥离或拆解，单个零件在可能的情况下被翻新，然后再次组装成一个完整的产品。可回收的奶瓶或啤酒瓶就是再制造的实例。但在更复杂的工程和航空航天应用中，通常在制造发动机和变速箱时，再制造才被视为最佳理念。

例如，土方设备和重型工程制造商卡特彼勒（Caterpillar）在其网站的"可持续发展"栏目中保留了"循环经济"子栏目，其中的内容描述了再制造如何为卡特彼勒的客户提供更低的价格，以及如何实现卡特彼勒客户的可持续发展目标。在笔者撰写本书时，该网站指出，卡特彼勒每年回收超过 6.8 万吨钢铁，其中大部分是以报废部件的形式回收的，这些部件经过翻新和大修，恢复到了崭新的状态。

卡特彼勒再制造总经理鲍勃·帕特诺加（Bob Paternoga）在美国商会基金会 2015 年发布的报告《实现循环经济：私营部门如何重塑商业的未来》中解释了卡特彼勒的再制造业务是如何成为全球化业务的。17 家工厂雇用了近 4 500 名员工，共同再制造发动机、涡轮机、变速箱、气体压缩机、动力传动系统、涡轮增压器和燃油系统，并通过提供有吸引力的再制造零件来激励客户。该定价系统提供的再制造零件相较于全新的零件有很大的折扣，其价格包括可返还的"核心"部件（如再制造发动机、变速箱或其他零件）的押金。帕特诺加称，2014 年公司的核心回报率为 94%，这或许并不令人感到意外。

另一家在循环经济和再制造领域做出重大贡献的公司是汽车制造商雷诺。该公司在其网站上明确提到循环经济，并指出它是唯一一家入股报废汽车回收公司的欧洲汽车制造商。

雷诺与废物管理公司苏伊士环境（Suez Environment）成立的合资公司英德拉（Indra）建立了一支由 400 名拆解人员组成的队伍。该公司在 2015 年拆解了 95 000 多辆汽车，将由此产生的材料堆放在一起，然后就像卡特彼勒一样，以低于新产品的价格把它们卖给终端客户。雷诺还在逐步建立短循环回收系统，以回收钢铁、铜、纺织品和聚丙烯等原材料。在雷诺生产的新车中，30% 以上的材料已被回收，其 2019 年的目标是将这一比例提高到 40%。

此外，雷诺位于巴黎附近的克雷泰伊工厂也在利用这些可回收零件来制造主要零件，估计每 120 台不能使用的发动机就能重新组装成 100 台发动机。雷诺表示，2013 年，它对克雷泰伊工厂进行了改造，让 25 370 台发动机、15 930 个变速箱和 11 760 台喷射泵重获新生。麦肯锡（McKinsey）在一份报告中指出，在这个过程中，该工厂消耗的能源比常规制造业务减少了 80%，用水量减少了 90%，产生的石油和洗涤剂废料也减少了约 70%。更重要的是，该报告还补充说，克雷泰伊工厂的利润率超过了雷诺。

戴尔的年度可持续发展报告表明，在汽车行业之外，戴尔也是从事再制造业务的杰出代表。例如，根据 2016 年的报告，戴尔通过遍布美国各地的 2 000 个 Dell Reconnect 闭环回收中心回收的塑料被投入 48 种产品的生产中，远超上一年的 19 种。

1 500 多吨来自旧电子产品（各种品牌）的塑料与 4 800 多吨来自 CD 盒和水瓶等产品的塑料结合在一起，产生了约 6 400 吨可回收塑料，比 2015 年增长了 20% 以上。此外，通过使用这种消费后再生塑料而不是原始的塑料树脂，戴尔已经减少了 9 790 吨二氧化碳当量（CO_2e）的温室气体排放。该公司表示，这相当于让 2 000 多辆汽车停止行驶。

如何起步

即便如此，单个企业、单个产品设计师或设计团队对自己在可持续发展方面能做的事，一开始可能并不明确。更重要的是，从产品设计师个人或设计师所在企业的角度来看，实现可持续发展似乎是一个过于宏大的抱负，尤其是考虑到人类与环境互动的各种方式，以及地球环境可能受到影响的各种方式时。

这并不是全部。当想到一个新的设计方案或改进方案时，即使这个设计方案更环保或具有更高的可持续性，做出将环境问题纳入考虑的决定也绝不能草率。产品设计师一定会有以下顾虑。

- 产品的设计确实对环境更加友好吗？
- 改进后的设计真的能使环境发生有意义的变化吗？
- 真的能为具有更高可持续性的设计做出成功的商业案例吗？换句话说，无论设计部门想做什么，其他部门和高级管理层是否会支持这一举措？

让我们来看一下事实。我们几乎可以说，人类对环境造成的损害和自身的经济活动之间存在着千丝万缕的联系。

消费支出（包括耐用和非耐用的产品和服务）至少占 GDP 的 60%。换句话说，我们每次去超市、几乎每一种产品都会对环境和经济产生影响。

正如布拉斯、鲍登和莫斯利所观察到的那样，所有与产品相关的对环境的影响中，超过 80% 的影响是由产品设计所决定的。这些影响与常常并不了解产品的消费者的行为相结合时，会迅速被放大，原因如下。

- 我们不能有效地使用产品。产品的设计往往很快就会过时。98% 的产品在购买后 6 个月内就被扔掉了。

- 我们生产了太多的产品，其中大部分是有毒的。据估计，在英国，每生产 1 吨到达消费者手中的产品，就会产生 30 吨以上的废品。

- 我们不能有效地处置废品。在英国，每年产生约 1 亿吨混合废品，其中大部分被填埋。这个数字每年增长约 3%，英国是废品增长速度最快的欧洲国家之一。

此外，大多数消费者、企业和政府购买的产品都是批量生产的，并以数百万英镑或数十亿英镑的价格出售。总的来说，在这个量级上，产品设计决策的影响实际上被放大了许多倍，以至于在设计阶段看似简单的产品选择也会产生显著的差异。

例如，请思考一下在减小随处可见的铝制饮料罐的壁厚（减轻重量）方面取得的进步。20 世纪 50 年代首次投入使用时，饮料罐的重量约为 80 克。到了 1970 年，饮料罐的重量已下降到 57 克左右。到了 1992 年，饮料罐的重量下降到 16.5 克；到了 2001 年，下降到 14.9 克。今天，一个 330 毫升的饮料罐的重量只有 13 克，比 20 世纪 50 年代饮料罐重量的 1/5 还要少。

当然，一个饮料罐只能减轻几十克的重量。但是，10 亿个饮料罐减轻的总重量就很惊人了。如果不用铝制造饮料罐，则不必开采铝矿，然后将其运输到冶炼厂（通常通过铁路和海运联合运输，有时总路程达数千公里）、熔炼（熔炼铝非常耗能）、轧制，最后通过下游供应链运送到最终客户手中。

现在加上 GDP 中两个更重要的组成部分——政府对产品的支出，以及企业和政府对机械设备等实物资产的投资，再加上构成 GDP 中消费支出部分的耐用品和非耐用品，很明显，相当大比例的经济活动是以购买产品的形式进行的。当然，这些产品必须被设计出来。因此，无论这些设计是好是坏，它们都将对地球环境产生相当大的影响，尽管单件产品的影响是微乎其微的。

积少成多

单个产品的设计或其供应链是否真的会对环境产生深远的影响？需要重申的是，我们必须考虑事实。从广义上讲，如果符合以下条件，则可以认为产品对环境产生了有益的影响。

- 使用更少的自然资源来制造、包装、运输或储存产品。
- 在制造、运输或使用过程中产生更少的有害排放物，包括碳排放物。
- 包含旨在使产品更易于重用、再制造或循环利用的创新想法。
- 在设计中积极采用回收或再制造的产品。
- 在设计中考虑用可再生资源代替不可再生资源，例如，用纸张代替塑料。
- 产品使用时间长，更换时间推迟。
- 产品包含从本地或"近岸"供应链而不是从偏远供应链中采购的组件或原材料，从而降低了运输要求并减少了相关的燃料消耗和污染物排放。

这样看来，可持续发展似乎很容易。在技术上可行的情况下，要完成这些事情其实并不困难，其要求仅仅是进行边际性的改进。也就是说，只需设计出比它们的上一代产品在环境上更加可持续的产品；不是完美的可持续，只是更加可持续；不必付出惩罚性的代价；不用在不可能的短时间内完成；利用当前的技术和生产过程就行。换句话说，重点不是从可持续性的角度来使产品变得完美，而仅仅是提供有所改进的产品。

和往常一样，批量生产的庞大规模迅速地确保了小的增量改进的累积，特别是当许多小的增量改进组合一起，存在于一个产品中时。以计算机和台式打印机制造商惠普（IT 业巨头惠普在 2015 年一分为二时开拓了计算机硬件业务）为例，正如其年度可持续发展报告所显示的那样，惠普一直致力于实现可持续发展目标。惠普在报告中大胆宣称，随着其将商业和运营模式转向循环低碳经济模式，惠普正在"重塑产品的设计、制造、使用方式和获得尊敬的方式"。

该公司 2016 年的可持续发展报告展示了以下四点内容。

- 在惠普新推出的商用台式机产品中，47% 的产品含有超过 10% 的消费后可回收塑料成分，高于 2014 年的 33%。
- 惠普 70% 的商用显示器含有超过 10% 的消费后可回收塑料，26% 的商用显示器含有超过 40% 的消费后可回收塑料。
- 截至 2016 年年底，惠普已经生产了 34 亿个墨水墨盒和墨粉墨盒，利用了 88 900 多吨可循环利用的材料。7.35 亿个墨盒、7 000 万个衣架和 37 亿个消费后的塑料瓶都没有被填埋，而是被回收并继续使用。
- 惠普 80% 以上的墨水墨盒含有 45%~70% 的可回收成分，100% 的墨粉墨盒含有 10%~33% 的可回收成分。2016 年，惠普在墨粉墨盒和墨水墨盒中使用了 9 000 吨再生塑料。

使该公司更有力地践行其可持续发展承诺的是其规模，该公司每分钟向客户提供 102 台个人计算机、63 台打印机和 983 件耗材。此外，可持续发展被纳入该公司的运营实践中。该公司宣称，供应商在惠普的循环经济战略中发挥着至关重要的作用，这促使该公司与供应商密切合作，以更有效地利用材料、能源和水，并消除其产品和制造过程中产生的令人担忧的物质。

一步一个脚印

简而言之，以惠普为例，研究其在一段时间内的可持续发展报告，你看到的并不是某种宏大的可持续发展愿景，某个项目得到了完美地执行，而是渐进式的改进。其结果是设计和制造更加可持续的产品，一步一个脚印地实现可持续发展愿景。

有没有可能使产品更轻或者减少浪费？如果有可能，那么几乎可以肯定的是，这种做法更环保。在生产、运输或使用产品的过程中，这种做法产生的有害排放物或污染物（包括碳排放）会减少吗？如果可以，那么它肯定更环保。它包含回收或再制造的产品吗？如果包括，那么这是环保的又一次胜利。可以用纸或卡片来代替塑料吗？同上。可以用稻草做的包装代替纸张或卡片吗？效果更好（用麦秆制成的盒子和外包装在外观和性能上与用瓦楞纸制成的盒子相似，但其在制作过程中可以节约 40% 的能源，节约 90% 的水，而且完全利用废品——麦秆，而不是原生木材）。

重点不仅在于核心产品本身。鉴于还需要将产品送到最终客户手中，我们同样需要考虑产品的包装、运输和配送。例如，重量更轻的产品在运输时更省油，这意味着燃料消耗更少，二氧化碳、硫磺和 PM2.5 微粒等污染物的排放更少。如果一种产品的包装效率更高，那么在一个特定的立方体（也许是用来运输产品的集装箱或者卡车车厢）里可以装更多的产品，它就也是一种能节省燃料和减少污染物排放的产品。

我们需要再次强调，重点不是从可持续性的角度出发，在第一次迭代时就达到完美，关键在于将整个过程视为一个渐近式改进的过程，正如制造业中的持续改善一样。这不仅会使该过程更易于管理，而且是一种更有可能使企业获得成功的可持续发展方式。在第一次尝试时就追求完美无疑会令人望而生畏。

案例研究：可口可乐公司——"尺寸合适"的容器节省了塑料，降低了运输成本

可持续发展和对社会负责一直是可口可乐公司（Coca-Cola）的关注点。1984年，可口可乐公司成立了可口可乐基金会（The Coca-Coca Foundation），并承诺将上一年营业收入的1%用于回馈社会。虽然该基金会的慈善目标随着时间的推移不断地发生改变，但维护妇女权益、水的可持续性和消费者的福祉是不变的主题。

水的可持续性作为可口可乐公司特别关注的一个重点，可以追溯到2007年其与世界自然基金会（World Wide Fund for Nature）的合作。这次合作致力于达成五个主要目标：保护世界上七个最重要的淡水流域，提高可口可乐公司在自身业务中的用水效率，减少可口可乐公司的碳排放，促进可持续农业的发展，以及倡导全球节水运动。

根据可口可乐公司发布的2016年可持续发展报告，2004年，该公司每生产1升的产品，就会使用2.7升的水。这个产品就是可口可乐公司供应给其主要客户的浓缩液"套装"。其主要客户是遍布全球的装瓶商网络，它们实际制造和销售消费者饮用的罐装和瓶装可口可乐。在这2.7升的水中，1升的水存在于产品中，另外1.7升的水用于生产过程。这是可口可乐公司在水管理方面取得进展的一个标志，到了2016年年底，每升产品使用的水已经从2.7升减少到1.96升。它当时的目标是，到2020年，将每升产品使用的水进一步减少至1.7升。

除了减少直接运营中的用水量，2008年可口可乐公司还将注意力转向减少供应链中的用水量，并开始专注于购买塑料容器以将原料运送给装瓶商。这些塑料容器的容积通常为2.5升、5升、10升、20升、50升或200升，在

某些情况下，它们只装了 25% 的原料就被发给装瓶商。

多余的"顶部空间"或每个塑料容器中空置未使用的空间导致了不必要的包装成本、包装垃圾，以及车辆和集装箱利用率低所带来的不必要的运输成本。此外，塑料生产是一个高度耗水的过程。每生产 1 千克塑料，大约需要消耗 180 升水。生产一个容积为 20 升、重 1.2 千克的可以运输 20 升可口可乐浓缩液的塑料容器会消耗 216 升水。显然，任何减少塑料使用量的做法都将对可口可乐公司减少总体水足迹做出重要贡献。

可口可乐公司的美洲业务部门对这一做法的可行性进行了研究，该部门的业务包括波多黎各和亚特兰大（覆盖美国和加拿大市场）的浓缩液制造业务以及墨西哥（覆盖墨西哥市场）以及分布在哥斯达黎加、巴西、阿根廷和智利的浓缩液制造业务。这一业务部门集中满足中美洲和南美洲的需求。

我们可以设想下游浓缩液供应链在塑料包装方面可以减少 15% 的塑料用量，这是由以下三个方面的改进构成的。

- 对于相同尺寸的容器，使每个容器使用更少的塑料，这可以通过使用较薄的容器壁或不同尺寸的容器来实现。
- 采用不同尺寸的塑料容器，避免"顶部空间"造成的浪费。
- 重新设计每个浓缩液套件的单位尺寸，以便更好地利用容器。

由此，业务部门内的各个团队开始协作，对每一个方面进行探索。第一个团队评估修改现有套件配置的可行性，以消除冗余的"顶部空间"。与此同时，第二个团队与供应商合作，以减轻现有容器的单位重量。在不可能修改成套设备的情况下，第三个团队与供应商开发更多尺寸的容器。然后，三个团队会逐个计算每个方案节省的费用与开发新容器所需的费用。

第一项举措是重新设计"套装"以更好地利用现有容器，很快便取得了成功。可口可乐公司对大约 60% 的现有套件进行了重新设计，以确保"顶部空间"至少为 5%，至多为 20%。

第二项举措是减少每个容器的塑料用量，结果证明这一举措涉及的问题比最初设想的要复杂得多。由于可口可乐浓缩液配方的秘密性和专利性，浓缩液在运输过程中泄露被视为该公司可能面临的最严重的运营问题之一，因为这可能会将浓缩液配方泄露给可口可乐供应链以外的人。可口可乐公司总部的指示很明确：其下游浓缩液供应链不得发生浓缩液泄漏事件。

因此，人们担心较薄的容器壁可能会降低全塑料容器的机械性能，公司内部呼吁对重量较轻的容器的开发过程进行全面的记录，并对提议的设计进行严格的测试。最终，可口可乐公司与容器供应商达成了协议，双方共同分担用于制造容器的注塑模具的成本，而且供应商同意降低价格，但降低多少要视可口可乐公司的最低订购量而定。

第三项举措是花了最长的时间才取得成果的。可口可乐公司无法根据不同的标准容器尺寸重新设计浓缩液"套装"，这通常是因为装瓶厂的生产量太小，不适合使用更大的浓缩液"套装"。因此，他们需要找到 2.5 升 ~ 20 升范围内的不同包装尺寸的最佳数量，并寻找新的容器供应商。

这些供应商不仅必须拥有（或开发）接近无尘室条件的受控的制造环境，而且要准备接受冗长的原材料认证，以避免任何味道被破坏的风险。最后，一个新的 7.5 升容器被批准使用。

综合来看，这三项举措无疑都是成功的。尽管销量平均每年增长 3.5%，但可口可乐公司在美洲的容器运输总量在 4 年内减少了 8%，容器成本降低了 11%。

可持续发展的渴望

换句话说，从更具战略性的角度来看，一个以提高可持续性为首要目标的企业应该努力采取以下四组清单中的行动，其中既包括自身的行动，也包括由于相互之间的贸易关系而对客户和供应商施加影响的行动。

1.从单个产品的制造及其制造材料的角度来看，目标如下。

- 少用。
- 少扔。
- 多回收。
- 重复使用和多翻新。

2.从单个产品的性能来看，目标是设计出满足下列条件的产品。

- 在适用的情况下，使用寿命更长。
- 从环境的角度来看，运行效率更高。
- 能以可持续的方式处理或回收。

3.从生产这些产品的操作的角度来看，目标如下。

- 在制造、运输和处置过程中消耗较少的资源（能源、水和消耗品）。
- 产生更少对环境有害的废水和副产品。
- 实现产品和材料的低废品率。

4.从下游物流和配送流程的角度来看，将产品提供给最终客户时，目标如下。

- 在符合产品保护和安全要求的情况下，尽量减少包装。
- 使用可持续采购并且可持续处理（或可回收）的包装。
- 最大限度地利用空间，提高运输效率。
- 尽量减轻重量，提高运输效率。

简而言之，这是四组不错的清单。好消息是，产品设计或多或少都会影响以上目标。

"他们"是否允许我们变得更加绿色环保

许多企业的设计部门都会关注一个问题：它们的绿色环保尝试是否能得到高层和其他业内人士的认可？换句话说，绿色环保对股东"友好"吗？

针对以上问题，答案当然是"是"。这里有三条主要理由，每条理由或多或少都与提升竞争力或降低成本有直接关系，最终有助于开发对环境更友好的可持续产品。

请思考上文列出的目标，事实上它们都对可持续性和环境友好性产生了影响。不可否认的是，其中的部分目标也会对成本产生影响。

- 就直接材料成本而言，环境友好型产品可以是（而且经常是）较便宜的产品。简单来说，这些产品是使用较少材料、不需要采购太多材料的产品。例如，在过去的 25 年左右的时间里，铝罐的重量已经显著下降，这对环境产生的正面影响是毋庸置疑的，对那些购买更薄、更轻的易拉罐的商家的影响也是毋庸置疑的。
- 环境友好型产品也是可持续性更高的产品，消耗更少的能源、水和消耗品，排放更少的废水，产生更少企业必须付费处理的、不需要的副产品。

- 就空间利用率或包装材料消耗而言，生产较轻或包装效率更高的环境友好型产品还有助于降低下游供应链的各项成本（如运输成本），提高燃油效率，减少报废或回收利用，以及缩短运输距离。

- 开发环境友好型产品是企业和社会的责任。因此，客户、合作伙伴和员工都应对其持积极态度。对迫切需要新的和不同的产品卖点的营销部门来说，新型可持续产品可谓"天赐的礼物"。

综上所述，很显然，企业显然有很强的动机去追求更具可持续性的产品，无论是在生产、运输方面，还是在使用方面。

正如我们所看到的，产品设计在实现这一目标的过程中扮演着重要的角色。

检查清单：设计专业人员要回答的问题

☐ 在产品设计和产品设计决策过程中，您所在企业对可持续性的考虑的明确程度如何？改善可持续性是正式目标吗？延伸的业务是否具备可持续性目标？

☐ 产品设计部门是否与供应链部门协作考虑可持续发展举措？如果某供应商基于现有产品开发出了更环保的产品，设计部门将如何得知？

☐ 您所在的企业是否为有关产品和生产流程的可持续性设定了正式的衡量标准（例如，惠普对回收塑料比例的规定）？

☐ 您所在的企业是否已采取正式的措施来考察是否有可能在空间利用率、减轻重量、减少包装和使用可持续采购的包装材料方面改善产品的环保性能？如果没有，为什么？

☐ 如果您所在的企业尝试改善产品设计的可持续性，那么产品设计部门将会遇到哪些困难？怎样才能克服这些困难？

检查清单：供应链专业人员要回答的问题

☐ 在供应链的采购流程和采购决策中，您所在的企业对可持续性的考虑的明确程度如何？是否根据可持续性对供应商进行衡量或激励？如果没有，为什么？

☐ 供应链和物流流程的运营报告在多大程度上体现了可持续性？在回收利用、节省燃料、碳排放和废物产生等问题上，您所在的企业是否设定了正式的衡量标准？

□ 您所在的企业是否已经采取正式的措施来考察是否有可能优化产品的空间利用率和包装性能？

□ 从可持续性的角度来看，放宽对材料规格、公差和采购的要求是否有利？如果有利，这是不是与产品设计一起被提出的？

□ 供应链部门能否与产品设计部门合作考虑可持续发展举措？如果某供应商基于现有产品开发出了更环保的产品，设计部门将如何得知？

PRODUCT DESIGN AND
THE SUPPLY CHAIN
Competing Through Design

第 6 章
建立纽带：做出改变

很明显，在产品设计与供应链之间实现更多的合作可以获得可观的商业利益，包括更强的敏捷性和响应能力、更高的可持续性、更高的供应链效率、更低的供应链风险和更强的供应链弹性。

　　但这一切究竟是如何实现的呢？企业如何知道自己已经实现了这一目标，以及到底交付了什么？本章着重讲解企业如何利用变革方法，如**变革管理**（Change Management）和**业务流程再造**（Business Process Re-engineering，BPR），实现产品设计与供应链之间的协作。本章最后一节探讨了更深层次的问题，如教育所扮演的角色，以及以一种能在设计决策中体现供应链考量因素重要性的方式定义并褒奖良好设计的重要性。

未来之路

我们先简要回顾一下从开始到现在我们学到了什么。

- 在第 1 章中，我们研究了设计经典和设计主导型公司，探讨了产品设计如何影响竞争力以及供应链为何在支持产品设计中发挥着重要的作用。
- 在第 2 章中，我们详细地研究了产品设计与供应链之间的接口，并说明了如何在设计部门与供应链部门之间建立紧密的联系，从而在敏捷性和响应能力方面获得显著的好处。
- 在第 3 章中，我们研究了设计决策与供应链和设计风险之间的相互作用，并展示了不同的选择将如何影响企业所面临的各种风险。
- 在第 4 章中，我们考察了产品设计流程在影响敏捷性方面的作用，以及如何与供应商和客户建立更紧密的联系，并特别提到了并行工程和延迟策略可以帮助企业提高敏捷性。
- 在第 5 章中，我们研究了产品设计流程在改善企业可持续发展绩效中的作用，以及设计师应该如何与供应链伙伴合作以提升企业的可持续发展能力。

在前面的每一章中，我们都探讨了现实中的产品设计与供应链实践案例，其中既有成功的案例，也有失败的案例，并展示了不同的企业如何处理自己所面临引起的问题。我们还密切关注了 Zara 的所有者 Inditex、苹果、戴尔等以设计为导向的公司，并重点介绍了其中的最佳实践。此外，在每一章中，我们都列出了检查清单，以供设计和供应链专业人员根据自己的需要查阅。

第 2 章和其他章节介绍的 4C 模型（见图 6.1）也描述了理想的最终状态

的特征。换句话说，产品设计部门与供应链部门在一个共同的议程上开展协作的组织及其业务流程的关键特征是总在想办法增强弹性和敏捷性、降低风险及提高可持续性。

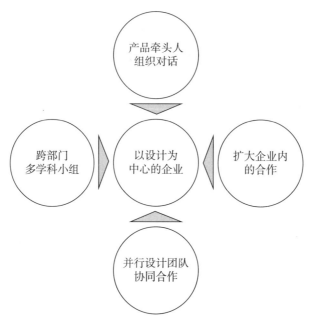

图 6.1　以设计为中心的企业的 4C 模型

- **扩大企业内的合作**可以确保设计决策的影响能够获得供应链部门与外部供应商的理解。通过这种合作，企业及其供应商将共同减少与设计和供应链相关的风险，并通过供应商的早期参与，确保产品通过供应链顺利到达最终客户手中。

- **并行设计团队**在同一地点办公，设计部门和相关的供应链专业人员的物理距离很近，目的是促进这种紧密的合作。与产品设计和开发相关的所有团队要么在同一地点办公，要么虽然在地理上是分散的，但能以接近实时的速度传递信息而近乎于在同一地点办公，从而确保产品顺利地从制图板上的草图变成投向市场的实物。

- **跨部门多学科小组**由设计师和供应链专业人员组成，他们并行开展工作，并共同参与设计流程。这一小组还可以包括一级和二级供应商，以便企业从供应商的早期参与中获益。

- **产品牵头人**的任务是确保各种对话顺利进行，并确定由谁负责对设计决策的结果进行最终的评估。产品牵头人负责管理产品设计与供应链之间的接口，监督并行设计流程，并确保产品架构和供应链设计相互匹配。

那么，一个合理的问题随之而来：如何将这一切付诸行动？也就是说，对一家尚不具备在共享议程上协调产品设计部门与供应链部门合作能力的企业来说，它应该如何提高弹性和敏捷性、降低风险及改善可持续性呢？

换句话说，普通企业应该如何改变自己的产品设计与供应链，从而与苹果、戴尔、Inditex、戴森等企业并驾齐驱呢？

这就是本章要介绍的内容。不过，要注意的是，对那些想要彻底转型的企业来说，并不存在一种简单的方法。当然，改进是有可能的。例如，对许多读者来说，相对容易的是解决每一章末尾的检查清单中的问题。但是，彻底转型是另外一回事，这需要组织最高管理层的承诺和努力。

为什么？首先，正如我们在第 2 章中看到的，产品设计部门与供应链部门是两个不同的组织单元。在大多数企业中，组织阻力是可以预料到的，因为各个部门的议程及其上报的指标与为组织整体利益而建立合作桥梁的努力是背道而驰的。例如，如果大家达成共识，以提高敏捷性或降低供应链风险为理由，将采购对象从低成本的海外供应商转向更昂贵的国内供应商，则传统的报告系统和会计系统会将此视为成本增加，从而产生不利影响。

企业可以对成本进行衡量和计算，并且可以将其积累为整体产品成本或变量，最终达到盈亏平衡点。但敏捷性或弹性难以量化。敏捷性至少可以通过某些积极的方面体现出来。例如，它既可以体现为前置时间缩短，也可以体现为延迟策略对库存的积极影响。弹性则是一个难以量化的特征。在对企业不利的事情并未发生的情况下，弹性仅仅是一种潜力——一种比在其他情况下更快恢复的能力。在供应链中断实际发生之前，弹性几乎是不可能量化的。而且，如果要以确保某些事情不会发生的方式来提高弹性（例如，从要发生地震或海啸的地区的供应商那里取货），问题就更难解决了。我们应该如何衡量一项行动的影响，以确保某些事情不会发生？

来自最高管理层的支持往往也是必需的，他们需要做出承诺并进行必要的投资，以重新组织工作方式。鼓励（或要求）产品设计部门与供应链部门更紧密地合作并不是一件小事，用"文化变革"这个词来描述它可能并不恰当。这将耗费较多的管理时间，企业不仅需要投资于设计流程重组，可能还需要对不在同一地点的设计与供应链专业人员进行重新部署。换句话说，企业需要考虑成本，即使只是管理时间和注意力方面的机会成本。大多数高管和董事可能都会怀疑投资回报率是否合理。

然而，他们思考之后可能并不会变得更明智，虽然有可能预估潜在的结果（在这个方面，本书可能是一本有用的指南），但是很难精确地量化这些结果。它们充其量只能表明潜在好处的存在只是一种愿望，而不是一个建立在实际期望基础上的确切估计。对那些习惯以 2~3 年为投资回收期的组织而言，获得这些好处的时间也不一定会很适宜。潜在的好处可能会发生变动，但随着经验的积累，好处可能会随着时间的流逝而逐渐增加，而且设计部门与供应链部门之间的交互会变得越来越自然。

此外，还有一些风险需要考虑。大量的企业战略转型项目都失败了，而如果你认为让产品设计部门与供应链部门共享一个议程并不是一个战略转型项目，那么请您三思。换句话说，如果这很容易做到，那么有很多的企业可能都会这样做，而我也很可能不会撰写本书了。

为什么战略转型项目会失败？变革管理方面的专家发现了许多障碍，从执行力不足到缺乏一个使整个组织专注于成功的"燃烧平台"。再者，虽然企业很容易将产品设计部门与供应链部门之间的紧密合作视为非常可取的，甚至具有战略意义，但只有在相对少见的情况下，其才可以被视为威胁生存的"燃烧平台"。例如，在本书介绍的公司中，可能只有玛莎百货在 1998 年和 2003 年所面临的挑战，以及空中客车 A380（第 2 章对两者进行了介绍）所面临的生产问题才算得上是真正的"燃烧平台"。

总而言之，无论企业多么希望实现产品设计与供应链之间的充分协作（本书提到的一些企业都证明了这一点），它们都有许多挑战需要克服，包括组织挑战、文化挑战、合理性挑战和风险挑战。

然而，这仍然是一个值得为之奋斗的目标。如果说戴尔、苹果和 Zara 所属的 Inditex 等公司能带给我们什么启示，那就是实现产品设计与供应链之间的整合是意义重大的，而且是具有战略意义的。以更高的水平整合产品设计与供应链为提升绩效打开了大门，这是大多数公司的董事梦寐以求的事情。实现了绩效提升，品牌优势和增值回报自然会随之而来。

那么，如何更好地实现这个目标呢？让我们来看看几种可能的方法。

界定挑战

苹果、戴尔和 Inditex 有什么共同点？爱步、纽洛克、戴森和波顿集团又都有什么共同点？

答案很简单，所有这些以设计为中心的企业从一开始就考虑了与设计相关的供应链问题，当时它们都是初创企业。它们不是一开始按常规运作，后来才改变，而是从一开始就没有按常规运作，后来也没有改变。

这为其他企业（如今已不再是初创企业的企业）如何采取这样的工作方式提供了重要依据。简而言之，这些企业必须摒弃几十年来组织特有的习惯和做法，并用新的工作方式取而代之。换句话说，重要的不是成为一家初创企业，而是抛弃过去、重新开始。

在此过程中，企业尤其要注意以下三点。

- 企业必须定义替代管理流程，这些流程要将产品设计部门与供应链部门之间的紧密合作制度化并加以倡导。
- 这些替代管理流程必须成功实施并落实到位，企业必须放弃以前的工作方式。
- 企业必须建立某种管控框架和报告机制，以确保产品设计部门与供应链部门之间的紧密合作是按照预期进行的，而且设计与供应链决策反映了企业正在追求实现的更广泛的议程。

这样一来，问题就更容易解决了，这就变成了一个业务转型的过程。因此，即使没有魔杖或银弹可用，也有大量的管理思想和最佳实践可以参考。不仅如此，在商学院和管理咨询机构中，企业还可以获得大量实用的专业知识。因此，将挑战重新定义为一种业务转型，但这种业务转型坚定地聚焦于更广泛的产品设计与供应链协作，而不是更精简的组织或对客户更友好的订单报价流程，可以使企业获知具体的管理方法，从而解决相关问题。

让我们快速地浏览一下每个问题的细节，下一节将具体说明如何使产品设计部门与供应链部门紧密协作以应对每一个问题可能带来的挑战。

企业必须定义替代管理流程，这些流程要将产品设计部门与供应链部门之间的紧密合作制度化并加以倡导。

这句话的意思似乎是可以通过 BPR 来解决问题。BPR 是首创于 20 世纪 90 年代的一种定义业务流程的方法，通常被认为是由麻省理工学院的迈克尔·哈默（Michael Hammer）提出的。首次采用 ERP 系统的企业普遍采用了这种方法，其基本原理是使用 BPR 来定义和优化业务流程（并在流程中去除不想要或不必要的活动），然后在 ERP 系统中自动匹配已定义的流程。最近，术语"业务流程管理"（Business Process Management，BPM）已经开始流行，但它恰恰说明了 BPR 在流程再造方面的吸引力。

替代管理流程必须成功实施并落实到位，企业必须放弃以前的工作方式。

实现这一点正是业务转型中变革管理所发挥的作用。变革管理理论认为组织内部的许多大规模变革的失败实际上是惰性、执行力差或主动抵制所致。变革管理旨在提供一种有助于此类变革成功的方法。

积极探讨变革失败的原因，并通过教育、文化意识、培训、项目管理和有效领导等方案支持变革，不仅能使变革更容易、更有可能取得成功，还能使其具有"黏性"。换言之，一旦实施了变革，变革就一直存在。

最后，值得注意的一点是 BPR 和 BPM 在内容上的重叠，因为这些方法通常都包含变革管理的功能。话虽这么说，但这种功能通常不如正式的变革管理项目那么丰富和完整。

企业必须建立某种管控框架和报告机制，以确保产品设计部门与供应链部门之间的紧密合作是按照预期进行的，而且设计与供应链决策反映了企业

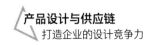

正在追求实现的更广泛的议程。

有各种各样的方法可用来实现这一点。不过，也许最简单的方法是将一些基本指标与第 3 章介绍的阶段关卡评审结合在一起。

阶段关卡会在设计流程中设置正式的阶段，在这些阶段的最后，企业必须考虑本书提到的各种问题。从操作上来说，这个流程可以被视为通过强制要求来实现类似于 Zara 所实现的结果。虽然这并不等同于将其纳入组织的文化，但随着时间的流逝，这种强制要求往往会自然而然地带来文化变革，其方式与组织推行提高安全意识或促进平等之类的举措时所采用的方式大致相同。

维多利亚时代的物理学家开尔文曾写道："如果你不能测量它，你就不能改进它。"现在，企业经理们更认同这一句话的简洁版本：你统计什么，你就得到什么。

因此，为企业引入一些度量方法的做法是明智的，这样可以确保组织真正走上正轨，并朝着使设计与供应链紧密协作的共同目标前进。这些度量方法不需要很复杂，当然也不需要是实时的。管理层可能希望在商业智能风格的数字仪表板上显示其中的一些内容，但这么做可能是没有必要的。

做出改变

那么，如何利用每种方法来应对将产品设计与供应链紧密结合所带来的挑战呢？企业不必太拘泥于规则（每家企业会发现自己的情况有所不同），详细列出采取哪些措施可以实现所需的业务转型即可。

下面介绍三种方法以及应该如何运用它们。

重新规划设计流程

产品最终的供应链成本的 80% 在产品设计和开发的早期阶段已经确定，这意味着设计决策可能会对产品生命周期、风险、复杂性和响应能力产生重大影响。

这就是必须把重点放在设计流程而不是供应链上的原因。的确，供应链也会影响变革，并且影响有所不同。但是，这一切的主要推动力是设计流程，因为重新设计的流程将鼓励或者促使产品设计部门与供应链部分之间展开更多对话，从而促使人们对采购实践和策略进行更多的思考，产生更深刻的理解并做出理性的决策。

因此，我们可以通过将设计与供应链团队置于同一地点来实现协作，Zara 已经实现了这样的效果。换句话说，这种协作并不是通过在同一地点办公这个行为本身引发的，而是在同一地点办公让两个团队沟通起来更加容易。但是，这种对话必须在鼓励这种互动的环境中进行，而在同一地点办公本身并不能带来这种互动。

BPR 就是一种旨在实现这一目标的管理技术，这种技术出现于 20 世纪90 年代初。企业利用 BPR 重新规划一套鼓励互动的流程，不仅可以在产品设计与供应链团队在同一地点办公的情况下，而且可以在两者不在同一地点办公的情况下，实现两者之间更好的交互。

与改进组织流程的通常方式相反，BPR 不是对现有的流程进行变革，而是摒弃已经存在的所有流程，从头开始设计流程。其结果是组织通常能获得比增量式改进更高水平的改进，这反映了许多组织流程包含曾经必要的但现在已经不再需要的活动。BPR 是更快地到达希望到达的终点的一种方法。

重新设计的过程并不像看上去那么简单。一开始要认识到，在任何企业中，部门都是在企业的总流程中执行各种流程或子流程的，例如，按订单生产的制造商采用"从订单到现金"的流程。尽管这些活动对业务运营而言是至关重要的，但它们并不一定反映在业务或供应链的实际结构中。

通常，这种以流程为中心的观点会促使企业跨越传统的组织障碍。例如，订单接收可能涉及销售、财务、工程和配送部门的人员。另一个常见的观察结果是，在传统组织中，内部绩效衡量标准和目标通常优先考虑狭隘的局部问题，而不是整个业务的问题。同样，以流程为中心的观点消除了这种缺陷。

企业也不需要单独开发流程视图，因为已经存在可以用于构建模块的模型。许多读者很熟悉或至少听说过著名的供应链运营参考模型（Supply Chain Operation Reference Model，SCORM）。该模型由独立的非营利性会员组织供应链委员会（Supply Chain Council）与管理咨询公司 PRTM（现在是普华永道咨询公司的一部分）和 AMR Research（现在是分析公司 Gartner 的一部分）共同开发。

该模型从五个所谓的"顶级流程"，即计划、采购、制造、配送和退货开始，然后将每个流程分解为下一级流程，设计就是其中之一（2012 年，该模型添加了第六个"顶级流程"——使能。在撰写本书时，SCORM 的最新版本是 12.0，于 2017 年定义和发布）。供应链委员会现在是专业认证机构 APICS[①] 的一部分，该机构提供有关 SCORM 的培训材料和指南。

BPR 的第一个阶段是考虑业务流程的使命。使命应根据一个问题进行定义：实际上应该执行的流程是什么？回答这个问题并不那么容易，可能需要深思熟虑。很明显，使命不仅仅是"设计一个产品"。企业可能更希望用

---

① 以前为美国生产和库存控制协会（American Production and Inventory Control Society）。

"设计出让客户满意的产品"来表达，或者更确切地说，"快速设计出让客户满意的产品"。值得强调的是，为了确定当前流程的使命，企业往往需要仔细思考，但投入时间做这件事是会有回报的。

换言之，企业的目的是回答这个问题：目前我们真正想要达到的目标是什么？

这是因为，第二阶段是绘制流程图（最好是可视化的），也就是展示目前的流程是如何运行的。企业不仅要绘制流程，还要将绘制好的流程与工作任务相匹配，以便根据目标评估其适用性。例如，流程图揭示了一个如此复杂而又曲折的流程，以至于我们很容易就能知道，它绝对不可能实现"快速设计出让客户满意的产品"的使命。我们还可以假设另外一种情况，流程图可能会揭示这样一个流程，该流程不包含向客户或营销人员展示设计方案的评审环节，这使设计师很难确定他们的设计是否可以让客户满意。

综上所述，前两个阶段通常被称为现状阶段，因为其目的是确定事物当前的状态，这对企业非常有帮助。麻省理工学院的迈克尔·哈默于 1990 年在发表于《哈佛商业评论》上的一篇文章《再造：不是自动化，而是重新开始》（*Re-engineering Work: Don't Automate, Obliterate*）中首次描述了这一方法。

换句话说，如果映射过程突出了没有增加价值的活动，或者没有对业务做出贡献的活动，那么企业就有一个很好的理由来删除它们。现状阶段强调了与使命背道而驰的子流程和活动，或者本应存在却不存在的子流程和活动。若想了解更多的细节，请读者参考 SCORM。SCORM 的大多数处理方法都包括用于基准测试的指标和成熟度级别，企业可以对照最佳实践进行自我校准。

BPR 的第三个阶段是建立对未来的愿景——一个通常被称为未来阶段的

假想练习。换句话说，假设给你一张白纸，让你重新设计不同的产品设计流程，你能得到什么？

很明显，有一个如此开放的问题，能得到的答案是有无限可能的。正如我们在第 2 章中看到的，玛莎百货本可以用"加快速度"来回答这个问题：缩短将特定产品系列推向市场所需的时间，以便更精细地调整自己以适应当前的时尚潮流和市场状况。不言而喻，在试图回答这样的问题时，一些来自外部视角的观点和挑战对企业来说几乎总是有帮助的。例如，企业可能希望以竞争为基准来确定自己的业务流程在哪些方面落后于市场，而不是领先于市场。同样，将 SCORM 用于基准测试或校准可能会得到更具启发性的见解。董事会或 CEO 可能希望设定延伸目标。企业还可聘请顾问，并组建以客户为中心的小组。简而言之，现在是企业大胆设想其新业务流程看起来如何以及如何运行的时候了。

因此，就第三个阶段提出的问题而言，业务流程的使命需要换一种说法，以反映企业现在希望达到的、与产品设计相关的目标。例如，"快速设计出让客户满意的产品"这一使命需要修改，以反映企业在供应链风险、采购、可持续性和响应能力方面的目标。因此，修改后的使命可能类似于"灵活地设计出可持续性较高的产品，使客户满意，同时针对可制造性进行优化，最大限度地减少供应链风险，在成本、库存持有量方面达到采购目标"。

准确的措辞和精准的目标设置当然会因企业而异。正如我们在第 2 章中所看到的，有各种各样的愿景可供选择，包括以下八种。

- 为快速开发而设计。
- 为制造而设计。
- 为产品成本而设计。
- 为供应而设计。

- 为降低供应链风险而设计。

- 为快速上市而设计。

- 可持续性设计。

- 本地化设计。

当然，所有这些愿景都将推动产品设计部门与供应链部门在不同的方向上开展互动，如组件重用、延迟策略、风险降低、成本优化、可持续发展等。企业不能只是孤立地关注单一目标，而应当同时关注几个目标，进而同时采用几种策略，如组件重用、风险降低和延迟策略。每家企业都是独特的，并且每家企业都需要做出关于产品设计部门与供应链部门之间的互动的性质的决定，这个决定应该要能满足自己的需求。

在 BPR 的未来阶段，企业最后要做到的是要有雄心壮志。在这里，重点是企业的领导者，他们必须确保重新设计的流程是对传统的突破，以便进行重大的变革。细小的变革尽管可能是直接有效的，而且在表面上满足了重新设计的流程的要求，但它很少能实现启用企业所需的转型。企业的领导者需要做出足够重大的突破，才会引发真正的变革。

事实上，行为科学家华纳·伯克（Warner Burke）和乔治·利特温（George Litwin）的研究表明，只有组织的领导者才能创造真正的变革，这种变革是根深蒂固的、普遍的和持久的。与此相反，管理者通常会创造"事务性变革"，即规模较小、持续时间较短的变革，通常基于组织内部的权衡，即以一组人或管理者同意做的事情取代另一组人或管理者所做的事情。只有领导者才能真正地在组织内部和部门之间实现变革。当然，当我们谈论建立一个重新设计的流程，并鼓励产品设计部门和供应链部门之间进行更好的互动时，这是绝对必要的。

表 6.1 展示了领导者和管理者所扮演的不同角色，这个表改编自伯克和

利特温的"领导者和管理者的转型变革与事物变革表"。

表 6.1　领导者和管理者的转型变革与事务变革

领导者	管理者
建立和交流愿景	实现愿景
激励员工	激励、指导和指引员工
建立和展示基本价值	将基本价值转化为经营成果
关注未来	了解未来的方向但着眼于当下

　　一旦确定使命,注意力将转向映射过程本身。需要解决的问题包括:当有了新的和不同的使命时,修订后的产品设计流程应该是什么样的?在设计流程中的哪些节点上,应该考虑供应链的哪些方面?这是在哪里发生的?如何发生的?在理想情况下,在同一地点办公将使设计部门与供应链部门的交互变得更加容易和更加自然。但关键的一点是,重新设计的产品设计流程要求这种交互发生,并且以一种有意识地被设计成最有效的方式发生,好让交互尽可能发挥强大作用。

　　这个预想中的未来阶段应该采取什么形式呢?简而言之,答案应该是某种流程图,以图解的形式展示设计应该如何在新设想的流程中流动。不过,以简化的流程图为基础构建流程当然是可能的,并且企业很可能希望这么做。这是为什么呢?

　　这是因为,当设计和供应链专业人员在同一地点办公成为事实时,他们之间的实际交互机制就不再需要被严格地限制了。然而,当增加距离元素时,企业需要更多地考虑这些机制。

　　一种选择是使用业务流程映射语言,另一种选择是使用通常与业务流程映射语言结合使用的业务流程映射系统。例如,查尔斯·波里尔(Charles Poirier)和伊恩·沃克(Ian Walker)指出,虽然业务流程自业务诞生之初就已经存在,但业务流程管理语言和系统可以使其变得更加明确、可执行且适应性更强。如果产品设计部门与供应链部门之间的交互严重依赖于 IT 系统，则编码也很重要：业务流程映射系统所提供的建模技术有助于使最终转换到 IT 系统中的规则和阶段更加直观。业务流程映射系统还允许使用仿真技术，以便测试和改进业务流程。

总之，企业最终得到的是一组重新设计的业务流程，这些流程使设计部门和供应链部门之间的接触点正规化。企业应列出清晰可见的业务操作程序，以确保供应链部门将设计因素考虑在内，并确保产品设计部门将供应链因素考虑在内。

此外，如果适用，这些流程还应该被固化到相关系统之中。例如，在具备 PLM 系统的企业里，如果重新设计的业务流程要求供应链在每个新设计的产品进入流程的特定阶段时对该产品具有可见性，则该可见性和相关验收环节应该被固化到相关的工作流之中。

让变革成为现实

即便如此，许多战略变革计划都以失败告终。许多业务流程重组实践都失败了。这些失败的共同原因是对变革管理的关注不够。简单来说，变革管理就是确保倡导的变革切实发生的艺术（或科学），并且一旦发生，就会保持下去。换言之，以前的工作方法必须被摒弃，那些新设计的业务流程必须成功交付，并持续运行。

正如我们在第 2 章中看到的，组织内部发生的许多大规模变革失败（或者至少是无法实现）的原因要么是惰性和执行力不足，要么是主动抵制。变革管理的目的是提供一种方法来成功地实现这种变革。

企业应积极地探讨变革失败的原因，然后通过教育、文化背景、培训、项目管理和有效领导等支持计划进行的变革。变革管理不仅努力使变革过程更容易和更有可能成功，而且努力使变革具有"黏性"，即变革一旦实施，就会保持下去。

也就是说，成功的变革管理是很困难的。变革管理并不总是成功的。许多人认为，相较于任何来自图书、课程和学术文章的知识，来自成功的变革管理案例的经验使变革管理更容易取得成功。变革管理并不是一门科学。大多数大型咨询公司都有自己偏爱的变革管理风格，以及自己制定的（通常是正式的）变革管理方法。学术界也在争论和研究哪些变革管理方法更有可能取得成功，以及在特定情况下哪些特定的变革管理方法更有效。

正如前文关于变革管理的简要论述所指出的，BPR 和 BPM 通常都包含变革管理的功能，而纳入这些功能的主要原因是在没有这些功能的情况下，早期的实践者发现 BPR 的长期成功率还有待提高。

简而言之，在变革管理方面寻求指导的企业没有什么可参考的案例。与 20 世纪 90 年代初相比，现在人们对这一课题的理解要深刻得多，研究的范围也要广泛得多。此外，企业本身将更多地接触变革管理原则，并更熟悉变革管理过程。例如，任何一个企业如果要安装一个完全不同的 ERP 系统或其他 IT 系统，就很可能需要执行变革管理流程。

也就是说，大多数变革管理方法都有一些相同的地方。例如，它们的目标都是用"燃烧平台"之类的管理术话和类似的修辞手法来为变革创造一个成功案例。此外，它们都通过培训、交流和展望一个相当不同的未来，好让变革之路变得不那么崎岖不平。而且（通常）它们的目标建立在初期成功的基础上，而不是依靠一种"剧变"的方法来实现变革，也就是在第一天就完成所有变革。

窍门（如果有的话）在于开展这些活动的顺序，以及在每个活动中所投入的努力。人们似乎有理由假定，真正有效的变革管理可能需要对既有的变革管理方法进行某种程度的"定制"，使之适合特定组织的具体情况。

正如我们在第 2 章中看到的，在现有的变革管理方法中，许多观察家都提到了哈佛商学院的约翰·科特颇具影响力的思想，以及他在 1996 年出版的《领导变革》一书中阐述的八步模型。此书基于之前科特在《哈佛商业评论》上发表的一篇文章《领导变革：为什么转型努力会失败》写成，这篇文章详细介绍了对 100 多家试图实现重大变革的公司所进行的为期 10 年的跟踪研究的结果，那一期《哈佛商业评论》很快就成了最畅销的一期。《领导变革》无疑经受住了时间的考验，尽管最初的八步模型在 2014 年被科特略微修改了一下。2012 年出版的《领导变革》的新版本里新增了由科特撰写的回顾性的序言。

科特的八步模型以两种方式影响了变革管理流程。首先，该模型概述了一系列必要的步骤（如果重要变化一定会发生的话）。这样做的价值在于，重要的步骤不会被忽视，也不会被视为无关紧要的步骤。它们是正式流程的一部分，管理者必须执行这些步骤，否则就会面临变革失败的风险。对于热衷于卷起袖子大干一场的管理者来说，制定愿景似乎是一种负担。然而，科特认为，拥有这样的愿景，并与他人沟通这个愿景，对变革来说是非常重要的。其次，科特的八步模型还将所需的活动按优先级排列，以便最大限度地提高成功的可能性。换句话说，这八个步骤从字面上看几乎就是一个检查清单。对那些不善于完成重大变革的管理者来说，这样的清单很重要。

科特的八步模型

1. 增强紧迫感。
2. 创建指导团队。
3. 建立愿景。
4. 传达愿景。

5. 赋能他人，使其按照愿景行动。

6. 创造短期的"胜利"。

7. 巩固改进，再接再厉。

8. 将新方法制度化或"锚定"。

麻省理工学院的彼得·森奇（Peter Senge）对变革管理的看法略有不同，他在 1999 年出版的《变革之舞》（*The Dance of Change*）一书中表达了这一看法。森奇是系统思维和组织学习的倡导者，变革管理对他来说并不是发展最初的愿景，而是更多地利用小规模的变革和试点项目来构建变革的案例。

换句话说，科特预先假设了一种变革是必要的，甚至是很关键的"燃烧平台"，然后指导企业实施这一变革；而森奇对变革的看法则更加循序渐进，他强调的是确定什么是可行的，并尝试进行更多的变革。

森奇的方法可以概括为以下八个要点。

- 从小处着手。

- 保证目标切合实际。

- 稳步增长。

- 不要试图把整件事情都规划好。

- 努力与正在进行的变革保持密切的联系。

- 期待挑战和失误。

- 加强那些朝着正确的方向发展的活动。

- 乐于接受反馈。

我们应该采用哪种变革管理方法？选择很多，具体的选择在很大程度上取决于组织的具体情况。例如，就科特和森奇的方法而言，科特的方法可能被视为更适合引领重大变革，也许是一个全组织范围内的战略变革项目；而森奇的方法可能被认为更适用于较小规模的变革。

再次强调，虽然这是两种众所周知的方法，但它们只是众多方法中的两种。对于希望在专注于使用某种特定的方法之前了解更多变革管理知识的读者，我特别推荐的一本书是埃丝特·卡梅伦（Esther Cameron）和迈克·格林（Mike Green）的著作《变革管理的意义：组织变革的模型、工具和技术的完整指南》（*Make Sense of Change Management: A Complete Guide to the Models, Tools and Techniques*）。

在管理者试图将两个以前被视为完全不同的职能结合在一起，并推行两个截然不同的议程时，重要的是采用一种适当的变革管理方法，以便为新定义的业务流程提供尽可能好的机会，使其真正得到落实，并实现其所追求的行为变革。

本书为读者提供的一个重要的信息是，供应链部门和产品设计部门更紧密地合作将为企业带来巨大的收益，所以为实现这一点而进行投资是值得的。不要错误地认为即使不对变革管理进行投资，也可以实现所需的高水平的合作和思想统一。如果这很容易实现，那么企业所需的合作和思想统一就很容易被观察到。然而，正如我们已经看到的那样，事实并非如此。

坚持到底

随着设计部门与供应链部门更加紧密地合作，建立控制框架和报告机制似乎是明智的。

建立控制框架的目的很简单，那就是提供一种管理方式，以确保新的业务流程得到执行，做出任何产品设计决策及与产品设计相关的供应链决策之前都完成了必要的合作和讨论。

建立报告机制的目的同样简单明了。通过正式要求产品设计部门与供应链部门协作，企业可以获得哪些收益？它们的合作将到达什么程度？企业在提高可持续性等方面取得了哪些进展？企业供应链的弹性有多大？

对于这两种机制，企业有多个选项。而且不可避免的是，鉴于控制框架和报告机制都具有组织的特定性质，本章提及的有关规定的内容必然较少。在一个组织中运行良好的控制框架可能并不适用于另一个组织，为一个组织提供洞察力的报告机制可能对另一个组织没什么用处。因此，企业必须选择适合自己的方法，并使该方法与自己的组织结构、管理风格、文化和价值观保持一致。也就是说，就控制框架而言，第3章介绍的阶段关卡评审可以很好地提供帮助。

阶段关卡会对设计流程中的正式环节施加影响，在每一个阶段结束时，我们一直思考的各种问题都必须得到解决。阶段关卡通常用于制定产品开发决策中的"通过/不通过"决策，即在一些基本问题得到满意的回答之前，开发流程不会继续进行。例如，这种产品有市场吗？市场是否足够大，可使一个已开发的产品获得不错的收益？这个产品真的有效吗？它是否符合成本目标？它能在可接受的时间内开发出来吗？

当然，我们还可以将这个流程延伸到本书提到的对整合产品设计和供应链问题的考虑。每章末尾的检查清单可以用于达到此目的。前文讨论的一些重点内容也可以。例如，在关于可持续发展的第5章中，就有丰富的讨论。

无论所讨论的阶段关卡考虑的细节如何，关键的一点是，阶段关卡都会强制要求暂停流程以进行评审，并为组织提供一种正式的手段，使其能够确认，供应链部门和产品设计部门之间的关系是否满足自己的期望。且不说对将要开展的阶段检验进行精准描述，停下来考虑这种更密切的关系的好处是否已经充分展现的过程本身就是一个有力和正式的提醒：这些好处是可以得到的，而且我们已经得到。

企业还可以通过一组指标来引导这个阶段筛选流程，以阐明其产品设计部门与供应链部门之间增强的协作关系。各个企业在这个方面会有不同的要求，但从概念上讲，这样的指标主要用于实现以下两个重要的功能。

- 首先，企业希望强调它们在发展产品设计部门与供应链部门之间的必要的合作方面所取得的进展。
- 其次，企业希望看到能够突出这种合作所带来的好处的指标，其形式包括弹性更强的供应链，以及可持续性更高的产品和以敏捷性更高的方法开发出来的产品等。

从理论上讲，这些指标的性质及其组合也会随着时间的推移而改变。首先，企业可能希望看到更多指标将重点放在展现产品设计部门与供应链部门更紧密地协作方面所取得的进展上。它们的协作将是相对近期的，可能需要"嵌入"新的业务流程，而且无论如何都没有多少好处可供报告。不过，随着时间的推移，当这两个部门之间的协作变得更加"一切照旧"时，企业对这两个部门之间协作的程度和性质自然就不要提供过多的保障，而会更多地聚焦于加强合作到底会带来什么。

无论指标如何组合，它们都不需要特别复杂，当然也不需要"实时"。它们的呈现方式在一定程度上取决于各个组织的管理方式和汇报文化，但合理的假设是，将其包含在常规董事会级别的报告或常规的执行管理委员会报告中就足够了。如前文所述，商业智能风格的数字仪表板可能是没有必要的。

企业应使用哪些特定指标或报告机制？没有哪两家企业是相同的，所以很难做出规定。但概括地说，以下措施可能是思考此问题比较好的起点。

反映产品设计部门与供应链部门之间的日益紧密的合作的指标如下。

- 新推出产品中有多少比例是由产品设计部门与供应链部门通过协作推出的?

- 这种产品在整个产品系列中占多大比例?

- 这两个部门的人员在同一地点办公吗?如果不在,应该如何制订计划,以实现这一点?

- 他们是通过工作流进行数字化连接的吗?如果不是,应该如何制订计划,以实现这一点?

- 已经举行了多少次联合会议?每月一次,每季度一次,还是每年一次?

反映这种合作的好处的指标如下。

- 产品设计流程的敏捷性如何?这种敏捷性是如何提高的?

- 由于产品设计部门与供应链部门之间的协作,进行了多少次单独的设计变更?每月一次,每季度一次,还是每年一次?

- 这种协作是如何改善产品的可持续性的?产品包含多少比例的回收材料或可回收材料?这些措施改善产品可持续性的速度有多快?

- 由于产品设计部门与供应链部门之间的协作,进行了多少次单独的采购变更?每月一次,每季度一次,还是每年一次?

- 由于这种协作,哪些供应链风险已经被识别、消除或减少?

想得更远一些

下面让我们简单地考虑一下设计、设计教育以及设计部门和供应链部门之间的协作所处的商业环境。

读过本书前几章和本章提出的各种问题的读者会感到疑惑，为什么这种协作还没有开始？事实证明，这个问题的答案有好几个。

我们需要工业设计师，而不仅仅是设计师

首先，正如第 1 章提到的，产品设计流程和产品设计教育往往倾向于将设计师引向美学考虑和设计扩散，而不是让他们思考他们的设计决策在供应链中意味着什么。因此，有充分的理由让我们更倾向于使用"工业设计"和"工业设计师"这两个词，而不用"设计"和"设计师"。这些术语虽然在欧洲并非无人知晓，但在美国使用更为普遍。在美国，"工业设计"这个概念是由 IDSA 推广的。

企业将设计师聘为工业设计师，并在职位名称中加上"工业"一词，是明智的第一步，这可以促使设计师更加开放地思考他们所做出的设计决策及其与供应链的隐含关系。

换句话说，尽管赞美优秀的设计是正确的，但人们并不清楚（即使在 2005 年《考克斯评论》等关键出版物出版之后）优秀的设计理念应充分反映工业的效率，以及高效和有弹性的供应链形式。为此，我们很高兴看到英国设计委员会及世界各地类似的机构为推广这一理念付出了更多的努力。

技能差距

毫无疑问，教育系统是设计部门与供应链部门之间缺乏协作的原因之一。话虽如此，教育工作者们可能会反驳说，他们的教学大纲、课程和证书都是以学生被认为需要掌握的知识为基础设计的，而这一基础正是企业在招聘新员工时提出的需求。

考虑一下实际情况，在许多行业（例如，鞋类、家具、时装和普通服装等）中，设计师实际上是富有创造力的艺术家，他们运用布料、木材或皮革等材料创造出能给人留下深刻视觉印象的时尚单品。而在其他行业，创新的时尚设计多由铝、不锈钢或玻璃构成，在竞争激烈的市场中获得商业成功。例如，詹姆斯·戴森的同名产品，再如史蒂夫·乔布斯和乔纳森·伊夫的产量庞大的苹果产品，又如彼得·博登的时尚餐具。

简单来说，从产品设计的角度来看，设计师很可能上过艺术学校或时装设计学校，并且很可能认为自己是一个有创意的艺术家。坦率地说，这类设计师对复杂的供应链管理及其原理并无太多经验和认识，也不感兴趣。

当然，还有另一种可能，那就是产品设计师将踏上一条不同寻常的教育道路。在许多行业，设计是由设计师和技术专家（通常是某种工程师）联合提出的，前者主要负责产品外观的设计，后者负责产品内部的设计。电子和电气产品或汽车就属于这类产品。

在此过程中，大部分产品设计工作及大部分产品组件的设计和选择都由电子工程师、材料工程师、电气工程师、航空航天工程师或机械工程师负责。他们理所当然地将这些技能视为自己的主要专长，而且很少声称自己对供应链管理有什么深刻的见解。

同样的道理，大多数供应链专业人员只知道供应链管理，而对美学知识知之甚少或无法理解为什么设计师总想要使用一种特定的材料、织物或颜色。这就是设计部门与供应链部门之间的协作如此重要的原因。从本质上讲，设计师上的是艺术学校或工程学院，供应链专业人员上的是商学院。他们缺乏对方的专业洞察力和语言，过于专注于自己的专业领域和自己在组织内部的职能。

那该怎么办呢？在某种程度上，教育工作者有责任扩大其所授课程的范围或提供专门的专业课程，在课程范围内纳入所需的内容。例如，供应链管理硕士学位将涉及纺织工业、汽车工业或航空工业方面的知识。这类课程会逐渐出现，速度可能会越来越快。在设计课程中也可以纳入供应链管理的要素。如果"设计"变成"工业设计"，那么供应链管理又将被加速。工程学课程也是如此。从供应链的角度来看，培养下一代工程师来继续设计不合格的产品是毫无意义的。然而，如果现在我们不做出改变，这种情况将很可能发生。

如果教育工作者不能足够迅速或有效地行动，那么谁才能阻止这种令人沮丧的情况发生呢？这时，企业就可以站出来，明确要求将这些技能融合，并通过在招聘广告中列出技能说明，向市场发出他们所看重的技能和教育的信号。如果其他新兴技能组合的经验可以作为参考，这样的消息很快就会传开来。

庆祝融合

业界、政府和相关专业机构应该更多地强调产品设计与供应链之间的相互作用，并在如何塑造、影响和褒奖好的设计方面多发表意见。

例如，第 1 章中提到的研究和评论很少涉及供应链方面的设计。一般来说，讨论仅停留在可制造性设计上。为敏捷性而设计，为供应链弹性而设计，还是为库存效率而设计？他们基本上都保持了沉默。

然而，他们本可以发表意见，正如我们在第 5 章中看到的，人们对可持续性设计充满了赞誉。道理很清楚，如果有赞扬供应链成功的意愿，头条新闻和相应的奖励就会出现。在这个方面，本书的每一位读者都可以发挥应有的作用。

检查清单：设计专业人员要回答的问题

☐ 产品设计师需要哪些技能？这些技能应该被改变还是被添加？

☐ 设计专业人员是否应该接受关于供应链的培训或教育？

☐ 本章提及的变革管理和 BPR 存在哪些障碍？要克服它们有哪些困难？

☐ 产品设计师的职位名称和职位描述是否妨碍或加强了他们与供应链部门合作的意愿和能力？

☐ 读完本书后，您对产品设计部门与供应链部门之间加强协作的好处的看法是否发生了变化？如果是，发生了什么样的变化？

检查清单：供应链专业人员要回答的问题

☐ 在供应链部门工作的人员（如采购人员）对产品设计部门的同事的议程的理解程度如何？如何进一步加深理解呢？

☐ 本章提及的变革管理和 BPR 存在哪些障碍？要克服它们障碍有哪些困难？

☐ 如果产品设计部门与供应链部门目前不在同一地点办公，应该如何实现在同一地点办公？数字化工作流程作为一种替代方案是否可行？实现这一目标的商业案例是什么样的？

☐ 供应链专业人员的职位名称和职位描述是否阻碍或加强了他们与产品设计部门合作的意愿和能力？

☐ 读完本书后，您对产品设计部门与供应链部门之间加强协作的好处的看法是否发生了变化？如果是，发生了怎样的变化？

PRODUCT DESIGN AND
THE SUPPLY CHAIN
Competing Through Design

附录 A
新产品的设计和开发风险——
以波音 787 梦想客机为例

克里斯托弗·唐（Christopher Tang）[1]

2016 年 8 月 15 日

摘要：波音公司为了争夺市场份额，决定开发 787 梦想客机，为客户创造新的价值。787 梦想客机不仅是一款采用先进技术的革命性飞机，而且其供应链的设计旨在大幅减少开发成本和时间。尽管波音公司在管理上付出了巨大努力并投入了大量资金，然而其在首飞和向客户交付飞机的计划上还是有一系列的延误。本章剖析了波音 787 梦想客机背后不拘泥于常规的供应链逻辑，描述了波音公司在管理这种供应链时所面临的挑战，并强调了其他制造商在设计其新产品开发供应链时应该学习的一些关键经验和教训。

关键词：新产品开发，产品设计，供应链风险

---

[1] 本附录内容基于克里斯托弗·唐和约书亚·齐默尔曼（Joshua Zimmerman）提供的材料撰写而成。

引言

波音公司一直是全球商用飞机的主要制造商。20 世纪 90 年代末，当波音公司的市场份额首次被空中客车（当时在欧洲宇航防务集团旗下）夺走一大部分时，人们感到十分震惊。波音公司在降低现有机型成本与通过开发新机型来创造价值并提高收益之间进行了一番权衡之后，于 2003 年说服董事会以快速（4 年而不是 6 年）且廉价（60 亿美元而不是 100 亿美元）的方式开发出了一款创新型飞机——787 梦想客机（在本章中，我们将交替使用"787 梦想客机""787"及"梦想客机"这三种表述）。

为了争夺市场份额，波音公司采用了为乘客创造价值的战略，即通过重新设计飞机来改善乘客的旅行体验。例如，与其他客机相比，787 梦想客机 50% 以上的主要结构（包括机身和机翼）是由复合材料制成的。与飞机制造中使用的传统材料（铝）相比，复合材料能够使客舱保持更适宜的湿度和压力，从而大大改善旅行体验。此外，轻质复合材料使梦想客机拥有更远的航程。因此，梦想客机使航空公司可以在任意两个城市之间提供直飞或不中转航班，不需要中途停留，这受到了大多数国际旅客的青睐。表 A.1 和图 A.1 比较了 787 梦想客机和其他主流客机的特点。

表 A.1　波音公司 4 款机型与空中客车 A380 的比较

机型	最大航程（千米）	最大载客量（人）①	空机重量（吨）	巡航速度（千米 / 小时）	运营策略
737-800	5 556	189	41.3	952	直达多座城市
747-8	14 816	467	186.0	1 056	枢纽至枢纽
787-9	15 742	330	115.2	1 039	直达多座城市
A380-800	15 186	555	276.7	1 039	枢纽至枢纽

注：①根据典型座椅配置测算。如果为经济舱分配更多的空间，为头等舱和商务舱分配更少的空间，那么总座位数会更多。

飞得更高、更远

空中客车A380重达280吨，翼展有足球场那么长，是世界上最大的喷气式客机，预计可在枢纽机场之间运送约850名乘客。相比之下，波音公司声称787梦想客机更小、更省油，并可直飞更多距离很远的城市。

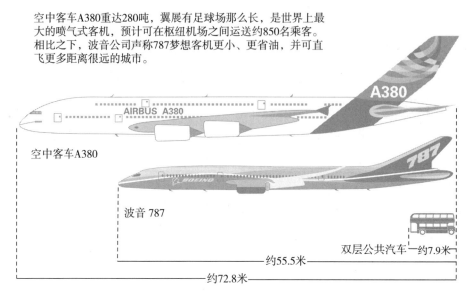

图 A.1　波音 787 梦想客机与空中客车 A380 的尺寸比较

波音公司为其关键的直接客户（航空公司）[①]和最终客户（乘客）创造价值的战略是，通过让中型飞机具备大型飞机的航程并以大约相同的速度（0.85 倍声速）飞行，从而提高飞行运营效率。飞行运营效率的提高使航空公司能够提供更多往返于更小城市之间的经济型直飞航班。787 梦想客机的载客量为 210~330 人，航程可达 1.57 万千米。在执行类似任务时，787 梦想客机能节约 20% 的燃料，预计每座千米成本将比任何其他客机低 10%。另外，与容易腐蚀和磨损的传统铝制机身不同，787 的机身由复合材料制成，这降低了航空公司的维护和更换成本。表 A.2 描述了梦想客机为航空公司及乘客创造的价值。

[①]　其他直接客户包括联邦快递或 DHL 等航空货运物流服务提供商和环球航空等飞机运营商。

表 A.2　波音 787 梦想客机为航空公司及乘客创造的价值

特点	为航空公司（直接客户）创造的价值	为乘客（最终客户）创造的价值
复合材料	• 更快的巡航速度 • 实现了主要城市之间的直飞 • 省油（材质更轻，降低运营成本） • 耐腐蚀（维护成本较低） • 部件更坚固，紧固件减少（制造成本更低）	• 更快的巡航速度，实现了主要城市之间的直飞 • 保持较高的空气湿度，提高乘坐舒适度
模块化设计，支持两款不同的发动机（通用电气 GEnx 和劳斯莱斯 Trent 1000）	• 以更低的成本灵活应对未来情况（市场需求） • 设计简洁，更换发动机更快捷	更换发动机更便宜、更快捷，节省的成本可惠及乘客
窗户更大、可调光	内部照明减少，运营成本降低	"智能玻璃"窗户面板的工作原理就像过渡镜片，自动控制光线，减少眩光，增强舒适性和便利性
重新设计的人字形发动机喷嘴（锯齿形边缘）	减小舱外噪声	减小舱内噪声
便于预防性维护	波音公司提供服务，飞机使用寿命更长	减少机械问题造成的延误

　　787 梦想客机以其为航空公司及乘客提供的独特价值，成了航空史上最畅销的飞机。787 梦想客机项目被认为是一个有效地融合了最新技术和生产策略的典范。截至 2008 年 11 月 16 日，波音公司已收到超过 50 家航空公司共计 895 架 787 梦想客机的订单。航空业对波音公司 787 梦想客机的巨大反响迫使空中客车迅速重新设计其具有竞争力的宽体喷气式客机 A350，A350 加宽后又被重新发布为 A350XWB，意为"超宽体"。

　　2003 年波音公司推出"游戏规则改变者"787 梦想客机时，除了销售不错，股市也反应良好。2003—2007 年，波音公司股价从 30 美元左右增长到

100 美元左右。2007 年年底，当波音公司宣布出现一系列交付延误的情况时，市场反应消极（图 A.2）。随着波音公司的供应链问题日益凸显，市场的负面反应多少在意料之中。空中客车在 2006 年年初宣布其 A380 的交付出现一系列延误情况后，也遇到了类似的问题。尽管波音公司投入了大量资金并在管理上付出了许多努力，但截至撰写本书时，其首飞日程及飞机交付时间仍面临着继续延误超过 2 年的情况。在无数次试图让其 787 梦想客机复合材料后机身供应商重回正轨失败之后，波音公司最终决定在 2009 年 7 月 8 日以 10 亿美元的价格收购 Vought 公司在南卡罗来纳州的工厂。这一举措是促使我们研究波音公司在管理 787 梦想客机交付上所面临的挑战的根本原因。

图 A.2　波音公司和空中客车的历史股价与标准普尔 500 指数的对比

在下一节中，我们将探讨波音 787 的非常规供应链背后的运行逻辑，并对与其供应链相关的潜在风险进行分析。在后面的小节中，我们将介绍波音公司为加快开发并优化生产流程而采取的风险缓解策略。倒数第二节重点介绍了其他制造商在设计新产品开发供应链时需要学习的一些关键经验和教训，最后是结语。

787 梦想客机的供应链设计

为了将 787 的开发时间从 6 年缩短到 4 年，将开发成本从 100 亿美元降低到 60 亿美元，波音公司决定在飞机制造业采用新的非传统供应链来开发和生产梦幻客机。为了减少开发时间和成本，787 的供应链被设想为可以保持低制造和组装成本，同时可以将开发的财务风险分散到波音的供应商身上。737 的供应链要求波音公司扮演一个关键制造商的传统角色，它要组装由成千上万家供应商生产的各种部件和子系统（见图 A.3）。787 的供应链则大不相同，它是基于一个分层结构建立的，该结构允许波音与大约 50 家一级供应商建立战略合作伙伴关系。这些战略合作伙伴充当"集成商"，负责组装由二级供应商生产的不同部件和子系统（见图 A.4）。图 A.4 所示的 787 供应链类似于丰田的供应链，丰田的供应链使其能够以更短的周期和更低的成本开发新车。表 A.3 突出展示了 737 供应链和非传统的 787 供应链之间的关键区别。例如，在 787 的供应链结构下，这些一级供应商负责将飞机的完整部件交付给波音，波音公司可以在其位于华盛顿埃弗雷特的工厂内仅仅花费三天就组装好这些部件（见图 A.5）。

我们现在解释一下表 A.3 所突出展示的 787 供应链背后的基本原理。

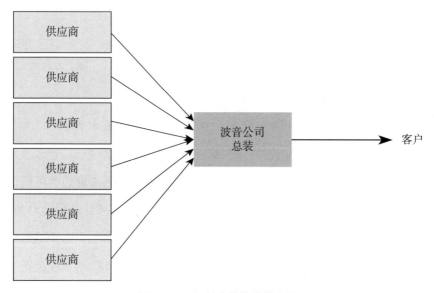

图 A.3 飞机制造的传统供应链

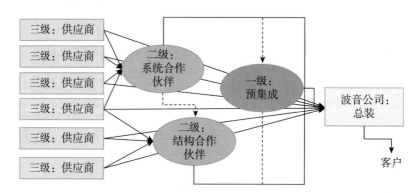

图 A.4 为 787 梦想客机项目重新设计的供应链

来源：波音综合防御系统公司（Boeing Intergrated Defense Systems）的史蒂夫·乔治维奇（Steve Georgevitch）

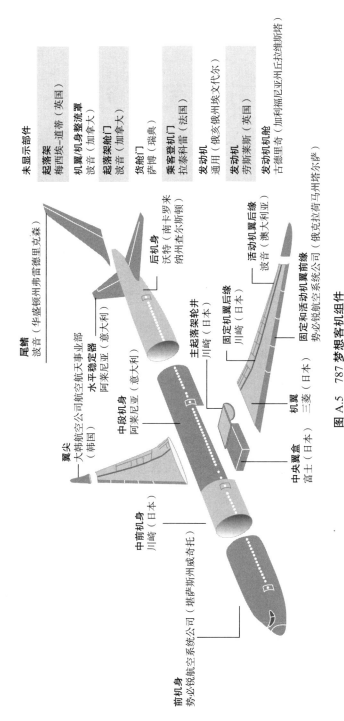

未显示部件

起落架
梅西埃-道蒂（英国）

机翼/机身整流罩
波音（加拿大）

起落架舱门
波音（加拿大）

货舱门
萨博（瑞典）

乘客登机门
拉泰科雷（法国）

发动机
通用（俄亥俄州埃文代尔）

发动机
劳斯莱斯（英国）

发动机机舱
古德里奇（加利福尼亚州丘拉维斯塔）

尾鳍
波音（华盛顿州弗雷德里克森）

翼尖
大韩航空公司航空航天事业部
（韩国）

波音公司航空航天事业部

水平稳定器
阿莱尼亚（意大利）

中段机身
阿莱尼亚（意大利）

后机身
沃特（南卡罗来
纳州查尔斯顿）

活动机翼后缘
波音（澳大利亚）

固定机翼后缘
川崎（日本）

主起落架轮井
川崎（日本）

机翼
三菱（日本）

固定和活动机翼前缘
势必锐航空系统公司（俄克拉荷马州塔尔萨）

中央翼盒
富士（日本）

中前机身
川崎（日本）

前机身
势必锐航空系统公司（堪萨斯州威奇托）

图 A.5　787 梦想客机组件

来源：《西雅图邮讯报》（Seattle Post-Intelligencer）

表 A.3　波音 737 项目和波音 787 项目对比

对比的内容	波音 737 项目	波音 787 项目
采购策略	外包 35%~50%	外包 70%
供应商关系	传统供应商关系（仅基于合同）	战略合作伙伴关系（一级供应商）
供应商责任	为波音公司开发和生产零部件	为波音公司开发和生产大部件
供应商数量	几千家	大约 50 个战略合作伙伴
供应合同	固定价格合同，有延误罚金	风险分担合同
装配作业	30 天完成总装	3 天完成总装

外包更多的业务

通过外包 787 梦想客机项目中 70% 的开发和生产活动，波音公司可以利用供应商开发不同部件的并行能力，缩短开发时间。此外，波音公司还可以利用供应商掌握的专业知识来降低 787 梦想客机的开发成本。随着波音公司将更多业务外包，波音公司与其供应商之间的沟通和协调对管理 787 客机开发计划的进展变得至关重要。为了促进供应商和波音公司之间的协调与合作，波音公司开发了一个基于网络的 Exostar 工具，该工具旨在提高供应链的可见性，优化关键业务流程的控制和集成，进而减少开发时间和成本。

减少直供基地数量，多放权、多聚焦

为了减少梦想客机的开发时间和成本，波音公司与大约 50 家一级供应商建立了战略合作伙伴关系，这些供应商将设计和制造该飞机的某个部分的整体，并将它们运到波音公司（见表 A.3）。通过减少直供基地数量，波音公司可以将更多的注意力与资源集中在与一级供应商（集成前阶段）的合作上，而不是集中在原材料采购和前期部件组装上（减少直供基地的好处在汽车业早已凸显，丰田减少直供基地后，比通用汽车开发新车的效率更高，成本更低。但是，除非能正确地管理供应商关系，否则因为制造商的议价能力减弱，减少供应链基地将增加供应风险）。这一转变背后的理论基础是授权其战略供应商并行开发和生产不同的部件，从而缩短开发时间。此外，将更多的组装业务转移到位于不同国家的一级供应商那里，更有可能节省开发成本。

降低财务风险

在 787 项目中，波音公司制定了一个新的风险分担合同。根据该合同，只有在波音公司向其客户交付第一架 787 梦想客机（由全日空航空公司预订）后，其战略供应商才会收到开发费用。这一合同付款条件旨在激励战略伙伴与波音公司合作，共谋发展。虽然这份合同会给波音公司的战略供应商带来一定的财务风险，但它们可以保有自己的知识产权，而且在未来可将这些知识产权授权给其他公司。一级供应商接受这一付款条件的另一个原因是，这让它们可以通过飞机某个更大的部分而不是一小部分的开发和生产来增加收入（和潜在利润）。

提升生产能力，但不增加投入

波音公司采用分散制造流程的策略将非关键流程外包，其目的是减少 787 项目的资金投入。此外，通过 787 项目的供应链，波音公司只需 3 天就能在其工厂组装好梦想客机的所有部件。与 737 项目的供应链相比，787 项目的生产周期大幅缩短，反过来提升了波音公司的生产能力，而不用增加投入。

新产品开发和设计风险

虽然787供应链（见图A.4）在减少开发时间和成本方面具有巨大潜力，但它也存在各种潜在的风险。供应链风险有各种类型，从技术风险到流程风险，从需求风险到供应链风险，从IT系统风险到劳动力风险。下面，我们将介绍一些导致787项目出现重大延误的风险及其后果（见表A.4）。

表 A.4　波音 787 供应链的风险及其后果

风险类型	波音 787 供应链的潜在风险	风险的后果：波音公司发生了什么
技术	材料不可行，未经飞行测试	不了解一级供应商的合作伙伴碰到的开发问题，导致重大延误
供应链	一级供应商外包开发任务给二级供应商，但二级供应商不具备技术知识	一级供应商缺乏选择二级供应商的经验，导致开发和生产延误
流程	过度依赖一级供应商与供应链下游的供应商协调开发任务	要求加强协调供应商的工作，需要波音公司人员出差工作
管理	管理团队缺乏经验和供应链专业知识	管理不当，需要重组领导团队
劳资	工会对波音公司外包更多业务的决定表示不满	工会罢工导致停工
客户需求	公开问题可能会导致航空公司和乘客对波音公司产生负面看法	延期交付可能会导致财务处罚和订单取消

787梦想客机在生产过程中涉及各种未经验证的技术的使用，因此波音公司遇到了以下技术问题，导致了一系列延误。

- **复合材料机身安全问题**：787含有50%的复合材料（碳纤维增强塑料）、15%的铝和12%的钛。这种复合材料以前从未被如此大规模地应用过，许多人担心用这种混合材料制造飞机是否可行。还有，闪电是否会对使用这种复合材料制成的机翼造成安全问题也令人担忧，因为闪电可能会击穿机翼蒙皮紧固件。

- **发动机可互换性问题**：787 采用模块化设计理念，其中一个优势是航空公司可以交替使用两种不同类型的发动机（来自劳斯莱斯和通用电气）。由于存在技术困难和部件不协调的问题，将发动机从一种型号更换为另一种型号需要 15 天，而不是预期的 24 小时。
- **计算机网络安全问题**：787 上配备了乘客电子娱乐系统，目前飞机上配备的电子设备与飞行控制系统处于同一个计算机网络。人们普遍担心这可能会引发恐怖袭击，以致危及飞行安全。

供应链风险

波音公司凭借其一级供应商来开发和生产梦想客机的整体机身，其中很多技术并未经过验证。供应链任何环节的断裂都可能导致整个生产计划的严重延误。2007 年 9 月初，波音公司宣布延迟梦想客机的首飞计划，理由是目前仍存在一些未解决的问题，包括零部件短缺及待解决的软件和系统集成问题。即使有了用于协调供应商开发进展的基于网络的（Web-based）规划系统 Exostar，协调也只在不同供应商提供准确和及时的信息的前提下才有可能实现。例如，一级供应商之一沃特（Vought）在没有通知波音公司的情况下，聘请先进集成技术公司（Advanced Integration Technology，AIT）作为二级供应商担任系统集成商，而 AIT 本应该与沃特的其他二级和三级供应商进行协调。此外，由于文化差异，一些二级或三级供应商并不会经常向 Exostar 系统输入准确、及时的信息。因此，一级供应商和波音公司并没有及时沟通，也就没能掌握同级供应商和下级供应商存在的技术问题（如零件短缺）或对延误做出预判。

流程风险

梦想客机供应链的底层设计逻辑很可能造成重大延误，因为其效率取决于波音公司的一级供应商的所有主要部件是否准时交付。如果某一部件交付延迟，就会导致飞机交付延迟。除非波音公司保留不同部件的充足库存，否则波音公司很可能面临延迟交付的风险。此外，根据风险分担合同，在第一架制造完成的飞机获得飞行认证之前，波音公司的一级供应商都不会得到报酬。由于一级供应商认识到，如果它们先于其他供应商完成任务，就有可能受到"不公平"的对待，风险分担合同规定的付款条件实际上可能导致波音公司的一级供应商工作效率更低，这显然违背了设计风险分担合同的初衷。

管理风险

由于波音公司采用了非传统的供应链来开发和生产梦想客机，因此组建一个领导团队至关重要。该团队中的一些成员需要具备供应链管理经验及预测和预防某些风险的专门知识，并能制订应急计划以减轻不同类型风险的影响。然而，波音公司最初的 787 项目领导团队中并没有具备供应链风险管理专业知识的成员。由于该团队缺乏管理非传统供应链的必要技能，波音公司在未知领域承担了巨大的风险。

劳资风险

随着波音公司加大外包力度，波音公司内部的员工越来越担心自己的工作保障问题，这种担忧导致 2008 年 9 月发生了超过 25 000 名波音员工参与的罢工事件。波音公司的一级供应商也受到了此事件的影响。例如，波音公司的主要供应商势必锐航空系统公司（Spirit Aerosystems）预计波音公司的罢工事件将会导致某些波音飞机的订单取消和交付延迟，因此它们减少了开发和生产波音飞机部件的员工每周的工作时间。这种调整可能会导致 787 某些机身部件的交付延迟。

客户需求风险

由于波音公司公布了一系列的延迟情况，一些客户失去了对波音公司飞机开发能力的信心。此外，人们关心的是，第一批 787 超重约 8%，即 2.2 吨，这可能导致远程飞行距离缩短 15%。由于波音公司出现的生产和交付延迟情况，以及人们对 787 远程飞行能力的怀疑，一些客户开始取消 787 的订单，或者转而签订租赁合同，而不是直接购买飞机。截至 2009 年 7 月，787 的订单已从 895 架（2008 年 11 月报告）减少到 850 架（2009 年 7 月报告）。

被动的风险缓解策略

为了解决前文所述的各种问题，波音公司采取了一系列应对措施来缓解这些问题所造成的负面影响，并避免进一步复杂化导致更多延误（见表 A.5）。

表 A.5 波音公司被动的风险缓解策略

风险类型	波音公司被动的风险缓解策略
技术	更改设计
供应链	收购处于瓶颈阶段的公司（沃特）
流程	波音公司派出数百名工程师去各个工厂，与表现不佳的合作伙伴一起解决问题

（续表）

风险类型	波音公司被动的风险缓解策略
管理	改组管理团队，用供应链专家取代项目经理
劳资	公司对工会做出让步，增加工资，减少外包
客户需求	波音公司将支付延迟交付罚金，通过危机公关打消客户的疑虑

缓解技术风险

波音公司为了提高复合材料机身的安全性，决定重新设计机身，使用附加材料巩固机翼结构。然而，这种调整会增加飞机的总重量。波音公司管理层向客户保证，他们将努力减轻飞机的最终重量。至于更换不同型号的发动机，波音公司也重新设计了其安装流程，期望缩短更换时间。最后，为了确保计算机网络安全，波音公司需要设计一个适当的方案，将计算机导航系统与乘客电子娱乐系统分开。

缓解供应链风险

在认识到有些一级供应商既没有开发飞机不同部分的专业知识，也没有管控二级供应商开发这些部分所需部件的经验之后，波音公司发现很有必要重新设计和控制 787 的开发流程。例如，波音公司认为沃特是 787 供应链中最薄弱的一环，于是在 2008 年收购了沃特的一家子公司，然后在 2009 年收购了其另一家子公司。这两次收购使波音公司直接控制了沃特的这两家子公司及其二级供应商。此外，由于生产持续延迟，波音公司的一些供应商将面临巨额的利润损失，这使整个 787 项目的完成有一定的不确定性。例如，为了应对停工停产威胁，波音公司在 2008 年向其一级供应商势必锐航空系统公司支付了大约 1.25 亿美元，以确保该合作伙伴能继续开展其重要业务。

缓解流程风险

作为对供应商无法保证生产期限的回应，波音公司决定派遣关键人员到全球各地的工厂，填补供应商的管理真空，并亲自解决生产问题。事实证明，这项举措耗资巨大，因为一些人员从波音公司的现场被抽调出来，去往外包伙伴的现场为其解决供应和制造问题。在某些情况下，依赖供应商进行组装的策略对波音公司来说风险太大，它不得不自己完成这项工作。例如，波音公司派出了数百名工程师，他们奔赴世界各地的一级、二级或三级供应商现场，解决看起来是 787 项目开发延误的根本原因的各种技术问题。最终，波音不得不重新设计整个飞机的组装流程。虽然这种"直接上手"的方法肯定会有所帮助，但它成本高昂且耗时。正如前文所述，这违背了 787 项目重新设计供应链的初衷。

缓解管理风险

为了恢复客户对波音飞机开发能力的信心，并减少进一步延误的可能性，波音公司认识到需要引入一位具有供应链管理经验的专家。因此，波音公司让帕特里克·沙纳罕（Patrick Shanahan）接替迈克·拜尔（Mike Bair）（具有公认的营销专长）担任 787 项目主管。沙纳罕被认为在供应链管理方面具有专长。在任期内，沙纳罕负责协调波音机型的所有活动，其中就包括787。此外，波音公司在 2005 年将临时 CEO 詹姆斯·贝尔（James Bell）更换为吉姆·麦克纳尼（Jim McNrneep）。

缓解劳资风险

在停工两个月后，为了结束罢工，波音公司做出了让步，承诺将在 4 年内给工人加薪 15%。劳动保障这一关键问题一直是达成协议的主要障碍，为此波音公司同意限制外部供应商的工作量。由此，波音将大量工作外包给全球合作伙伴的理念可能受到挑战，生产成本最终可能会上升。鉴于波音公司在工资增长和外包限制方面的承诺，工会同意撤回向美国劳工部提出的对波音公司不公平谈判的指控。

缓解客户需求风险

由于部分客户已经开始取消波音公司的 787 订单，而且开发 787 的能力受到了质疑，波音公司制定了以下应对策略来缓解客户需求风险。首先，作为因订单延迟交付而对客户造成潜在损失的补偿，波音公司正在向维珍大洋航空公司等相关航空公司提供用于更换的飞机（新的 737 或 747）。其次，为了恢复波音公司的公众形象，波音公司通过在其网站上分享 787 的最新进展来改善沟通情况。此外，波音公司进行了一系列宣传活动，以推广其新飞机的技术优势以及新飞机将为航空公司和乘客创造的全部价值。

潜在的主动的风险缓解策略

波音公司尽了最大努力恢复客户对其开发梦想客机的能力的信心，但它本可以在一开始就主动地采取某些风险缓解策略，以便更好、更主动地管理潜在风险（见表 A.6）。

表 A.6 缓解风险的备选策略

风险类型	主动的举措	对风险的影响
供应链可见性	通过信息技术确保整条供应链的透明度	避免或降低
一级供应商的选择流程与关系管理	对所有一级供应商进行适当的审查,以确保它们能够完成任务	避免或降低
流程	为一级供应商开发更好的风险分担和激励机制	降低
管理	建立具备供应链专业知识的工作团队	避免
劳资	与工会负责人沟通,讨论外包策略	避免
客户需求	视客户视为合作伙伴,与客户密切沟通,使其了解无法按期交付的潜在原因	避免或降低

提高供应链可见性

如前文所述,波音公司的供给风险是供应链可见性不足造成的。如果不能准确、及时地掌握相关供应链结构和供应链中每家供应商的开发进度,Exostar 的价值就会大打折扣。为了提高信息的准确性,波音公司应该要求所有战略合作伙伴和供应商提供供应链关系中的所有信息,而不是仅仅依赖于在它们受到直接影响时项目自动生成的警报。此外,波音公司还鼓励所有供应商使用 Exostar 及时传达准确的信息。

改进一级供应商选择流程,改善与一级供应商的关系

花费更多的精力来评估每家一级供应商开发和生产梦想客机的某一特定部分的技术能力及其供应链管理能力,本可以使波音公司选择更有能力的一级供应商,而且可以避免或减少一级供应商因缺乏经验而造成的延误。此外,波音公司要求参与一级供应商对二级(或三级)供应商的审查。适当审查关键供应商的举措提升了沟通和协调能力,减少了潜在的延误风险,这反

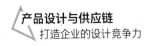

过来有助于减少开发时间和成本。

修改风险分担合同

虽然与风险分担合同有关的延迟付款条件是为了降低波音公司的财务风险，但它并没有为一级供应商及时完成任务提供适当的奖励。当一些一级供应商没有能力按照计划开发出其负责的部件模块时，整个开发进度就会延迟。因为这些交付延迟的情况，波音公司不得不向客户支付数百万美元的罚款。要想对所有一级供应商设置适当的奖惩机制，波音公司应该在合同中规定对准时（延迟）交付进行奖励（惩罚）。

积极的领导团队

波音公司应该在项目一开始就为这项工作挑选合适的人员，这些人员能够预见或避免与新供应链结构有关的风险。此外，找到潜在问题的根源，并安排合适的人员（或团队）把关，将有助于消除许多风险。这样一来，波音公司就可以在问题一出现时更快速有效地应对。例如，如果波音公司在最初的领导团队中任命了具有可靠的供应链管理经验的人员，他们就有可能预见或避免前述的各种类型的供应链风险。一支具备所有必要的知识、技能和权威的领导团队能更有效地应对延迟问题。

积极的劳资关系管理

波音公司员工的不满情绪是波音公司增加外包业务的策略引起的。如果考虑到工会对波音公司外包策略的反对，那么波音公司可能不会外包自己70%的业务，即使这种外包策略在财务上是合理的。波音公司也可以通过谈判、提供工作保障和获得工会的支持来积极地处理劳资关系。这种积极的劳资关系管理可以建立一种更加互利的伙伴关系，从而避免罢工。

积极的客户需求管理

考虑到与新产品开发相关的风险，积极的客户需求管理对帮助客户在下订单时设定合理的期望至关重要。在整个开发过程中与客户保持良好的沟通可以促使公司在整个过程中管理客户的感知。为 787 的交付时间设定适当的预期可能会促使航空公司以不同的方式来管理飞机更换计划，例如，多订购 737 和 747，少订购 787。如果波音公司对客户承诺的交付时间并不是很紧张，那么因交付延迟而受到惩罚的情况减少似乎也是合情合理的。通过持续参与，并就相关挑战和应急计划进行公开的沟通，波音公司可以更好地维护客户关系和自己的声誉。

事后反思

前面几节对供应链的复杂性做了描述，分析了各种供应链风险，前一节讨论了波音公司针对风险所采取的缓解策略。在此，我们提出以下见解，以帮助其他制造商更好地管理供应链，从而进行高效的新产品开发。

组建具备必要专业知识的领导团队

从表面上看，波音公司的根本问题似乎是它试图同时进行太多剧烈的变革。这些变革包括采用未经验证的技术，设计非常规的供应链，信任未经验证的供应商承担新角色和新责任的能力，以及使用未经验证的 IT 协调系统。波音公司同时进行如此多的剧烈变革的一个合理的原因可能是 787 项目领导团队低估了与所有这些变革相关的风险。如果波音公司组建了一支多学科的团队，团队成员具备识别和评估各种供应链风险的专业能力，波音公司就完全有可能预见或避免潜在风险，并制定积极的缓解策略和应急计划，以减轻供应链中断造成的影响。

积极地获取内部支持

管理层和员工之间的伙伴关系对公司顺利实施包括新产品开发方案在内的任何新举措都至关重要。虽然公司和员工的利益往往不一致，但公司与工会和员工保持更好的沟通可能对避免代价高昂的罢工行动具有积极意义。此外，积极地调整针对双方的激励措施更有可能减少未来潜在的内部冲突。

提高供应链的可见性，促进协调与合作

除了在挑选一级供应商时需要做尽职调查，以确保选定的供应商具有必要的能力并且能完成许下的承诺，公司还应考虑获得更有力的承诺，以换取及时、准确的信息。在管理新项目时，过度依赖 IT 系统沟通是非常危险的。为了减轻上游或下游的合作伙伴造成的风险，公司应努力提高整条供应链的可见性。具有高度可见性的供应链将提升公司更快采取纠正措施的能力，更有可能减少供应链中断的负面影响。

积极地管理客户期望和感知

对一家公司来说，因为与新产品开发相关的固有风险的存在，帮助客户设定适当的期望是至关重要的，尤其是要考虑到表 A.6 所强调的各种类型的风险导致延迟的可能性。从一开始就设定适当的期望可以减少客户未来可能出现的不满。在开发阶段，公司与客户就实际进展、技术挑战和纠正措施保持公开和诚实的沟通是可取的。这些努力可以帮助公司获得客户的信任，从长远来看，这将提高它们的忠诚度。

结语

波音公司的梦想客机项目涉及供应链战略的重大转变，其使用的方法与航空航天工业使用的传统方法不同。此外，波音公司在制造技术方面也进行了重大变革。这种涉及整个流程且区别于传统方法的剧烈变革造成了巨大的潜在风险。波音公司在按期交付上一直存在问题的直接原因是在没有适当的领导团队的情况下，就决定对与梦想客机项目相关的设计、开发流程和供应链进行重大变革。此外，该团队没有积极评估后来意识到的风险，也没有制定能有效缓解风险的战略。虽然在项目开始前不可能发现所有潜在的风险，也不可能为所有可能发生的事件制订应急计划，但波音公司本可以采取更积极的做法。对任何行业的管理者来说，了解波音公司曾经遇到的问题，分析这些问题是如何解决的，有助于从类似的供应链重组错误中吸取经验和教训。

后记

2003 年波音公司在宣布开发梦想客机的计划时，打算在 4 年内交付第一架飞机。然而，由于紧固件短缺，软件不完善，与水平稳定器相关的技术问题及试飞过程中电气起火等一系列问题，首架梦想客机于 2011 年 9 月才交付给全日空航空公司（这比原定时间晚了 3 年多）。另外，有报告称，实际开发和生产费用为 320 亿美元（原预算是 260 亿美元）。除了预算超支和交付延迟，梦想客机还出现了一系列的技术问题。2012 年和 2013 年年初，全日空航空公司和日本航空公司报告飞机出现了白烟和起火；2013 年，全日空航空公司和日本航空公司报告飞机出现了燃料泄漏的情况。出于安全考虑，所有梦想客机都被美国联邦航空管理局停飞，直到波音公司在 2013 年年末提出解决方案。自 2013 年年底以来，没有再出现重大问题报告。详情请参阅路透社的相关报道（2013 年）。事后来看，如果波音公司更认真地管理其产品设计（内部）和供应链设计，那么该公司本可以减少甚至避免这些问题的出现。

术语表

Agility **敏捷性**：供应链的三个关键属性之一，另外两个是弹性和强度。对敏捷性最成熟的定义是，在面对市场、需求和供应波动性时重新制订计划，并交付相同或相当的成本、质量和客户服务的能力。

Brand Loyalty **品牌忠诚度**：消费者继续购买同一品牌的产品，而不去购买竞争品牌产品的倾向。

Business Process Re-engineering **业务流程再造**：对企业内部和企业之间的工作流程进行分析和重新设计，以优化端到端的流程，并使非增值任务自动化。

Change Management **变革管理**：对企业内部的变革和发展的管理。

Concurrent Engineering **并行工程**：也称为同步工程，是一种设计和开发产品的方法，流程中不同的阶段同时进行，而不是依次连续进行。

Constrained Design **约束设计**：在系统上限制用户操作的实践，约束限制了用户可以执行的操作，从而增强了设计的可用性，降低了操作人员出错的可能性。

Continuity of Supply **供应的连续性**：一个连贯、持续的分发产品的系统。

Customer Configuration　客户配置：用于管理客户账户信息的软件。

Downstream Supply Chain　下游供应链：下游是指生产和配送产品的地方。

Inventory Holdings　库存持有量：剩余产品的存储数量。

Long-distance Offshore　远距离离岸制造：将作业流程从一个地区转移到另一个地区。

Manufacturability　可制造性：又称可制造性设计，是以易于制造的方式设计产品的一般工程实践。

Remanufacturing　再制造：将报废的产品送回原制造商处进行拆解，在可能的情况下，对单个部件进行翻新，然后将其重新组装成一个完整的产品。

Sales Revenues　销售收入：来自销售产品和服务的收入，与退回或无法交付的产品有关。

Space Utilization　空间利用率：用于衡量空间是否被利用及如何被利用。利用率是频率和占用率的函数。

Supply Chain Strategy　供应链策略：一个迭代过程，用于评估操作组件的成本效益。

Supply Chain Vulnerability　供应链脆弱性：供应链网络的弱点或可能遭受的威胁。

Sustainability　可持续性：在环境、风险和废弃物成本方面影响组织的供应链或物流网络的问题。

Transport Intensity　运输强度：关系到运输的经济或能源效率。

Upstream Supply Chain　上游供应链：上游是指供应生产所需的物资的地方。

版 权 声 明